聽到「家事」，你會想到什麼？

家事指的就是……

烹飪

洗衣

打掃

採買

在休育嬰假之前，
我是這麼以為的。
不過，現實並非如此。
家事是……

▼用有點髒的抹布擦桌子時，腦中浮現電視廣告裡面的細菌影像，覺得耿耿於懷，只好重做一次。▼晚餐全是超市買的現成熟食，覺得過意不去，於是做了一道菜，結果只有那道菜剩下來，只好無奈地自己吃完。▼洗碗洗到一半，因為洗了裝納豆的碗，只好將清潔海棉洗乾淨，再倒一次清潔劑繼續洗碗。▼水槽濾網的尺寸微妙地略小了些，小心翼翼地硬將它拉高至開口處。▼**將保鮮盒的容器與蓋子正確組合在一起。**▼清洗直筒狀容器時，清潔海棉推到太裡面，伸長了手指都搆不著，最後只好用筷子夾出來。▼把垃圾袋綁死之後又有垃圾要丟，邊後悔幹嘛綁死邊想辦法打開垃圾袋。▼鋪新床單時，邊跪坐在床墊上邊拉起床墊包好最後一角。▼明明是自己指定的快遞再次配送時間快到了，只好匆匆忙忙趕回家。▼一直無法弄開新塑膠袋的袋口，下意識地用舌頭舔了一下手指，連自己也驚愕不已。▼在收銀臺結帳時一直找不到集點卡，等到結完了帳，集點卡才突然從皮夾出現，覺得很遺憾。▼在超市裡希望家人能提供好的菜單建議，遲遲等不到回覆，排隊結帳時卻突然收到天外飛來一筆的點菜，只好勉為其難地走回賣場。▼原本想悠哉喝杯咖啡，跑了兩、三家咖啡店卻都客滿，跑累了，買完晚餐食材後只、

好直接回家。▼原本寫好的購物清單忘了帶，邊回想邊購物。▼**應該打掃得很乾淨才對，不知為何有捲曲的毛髮，只能重新打掃好幾次。**▼打開冰箱想確認裡頭的物品，冰箱警告聲響起，只好關上門並再次打開。▼下定決心要來丟東西，卻陷入回憶之中，最後什麼也沒丟，白白浪費時間。▼家人幫忙做家事，一直覺得對方做得不夠仔細，雖然猶豫著是否該說出口，終究怕說了會破壞家人想幫忙的興致而作罷。▼突然覺得「想要那個東西」，卻連該物件的名稱都想不起來，想上網搜尋也無法，鬱悶。▼**明明應該是乾的浴室地板，踩下的瞬間襪子就溼了，要洗的衣物又增加了。**▼在穿著打扮不適合見人時，電鈴突然響起，似乎是宅配人員，猶豫是否該假裝不在家，最後急忙換衣服。▼加溼器的加水燈亮了，明明知道要加水卻視而不見，變成得不斷地提醒自己。▼**很嚮往超級主婦的生活，因為覺得自己完全比不上而心神不寧，總之決定晚餐先增加一道菜再說。**▼晾衣服時，得依據剩下的衣物量隨時調整吊掛間距。▼去除黏在碗上的乾飯粒時，飯粒卻刺進指縫，只能忍著痛繼續洗碗。▼剪刀不在原本應該放的位置，腦中馬上浮現沒有物歸原位的家人。

天啊～～～～～～！
無名的家事也太多了!!!

而且，

沒完沒了。
沒有成就感。
也不會得到任何人的讚美。

已經可說是永無止境……

當我發現這個事實後，
我對家事的看法大為改觀。

當你回到家時，飯菜已經煮好了。
屋子已經整理乾淨了。
泡澡水放好了，睡衣也放妥了，連床都鋪好了。

其實

這樣是奇蹟。

回到家時，飯菜已經煮好的奇蹟。
屋子已經整理乾淨的奇蹟。
泡澡水放好、睡衣放妥、床鋪好的奇蹟。

我光是想像要耗費那麼多的時間
處理那些叫不出名字的家事，

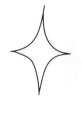

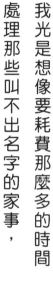

我便由衷敬佩！

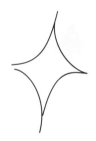

於是我想到

來替這些無名家事
取個名字吧。

身為廣告文案寫手
這是我對於致力於家事的人
展現最崇高敬意的方法。

我想讓更多人知道
努力做家事的辛苦、值得敬佩，
以及美好！

無名家事圖鑑

叫不出名字的家事為什麼怎麼做都做不完?!

梅田悟司 著　謝晴 譯

前言　替無名家事取名的人

梅田　悟司

大家好，我是梅田悟司。

我是文案寫手，曾替許多企業與商品撰寫文案。

或許也有人看過我寫的電視或海報文案。

二〇一六年，我在廣告公司工作，

因為兒子出生而請了四個半月的育嬰假。

休假前我心想：「工作了十年以上，可以喘口氣，思考一下將來的事。」

但當我開始做包括帶小孩等家事時，才深切體悟到自己有多麼天真。

除了勞動手與身體的家事之外，

還有思考的家事、決定的家事、等待的家事、忍耐的家事等。
以及我以前根本不知道、不計其數的「無名家事」。

「這根本不是育嬰假，是育嬰勞動……去工作還比較輕鬆！」

於是，我對那些辛苦做著被視為理所當然家事的人肅然起敬。
我想傳達給大家的是，

「這些辛苦不是理所當然的！

你應該多稱讚自己，家人也應該稱讚他們！」

擁有這樣子經驗的我思考著，有朝一日自己是否可以做些什麼。

因此想到我身為文案寫手，可以替這些無名家事命名。

做家事不是一件醒目的事。

因此做的人覺得理所當然，家人也覺得被服務是理所當然。

其實做家事非常辛苦，一點都不理所當然……

我在書中想實現的是——讓無名家事「被看見」。

替每一件無名家事取名字，讓它們被大家看見。

如此一來，無論是做家事的人、被服務的家人，

以及沒發現家事價值的所有社會大眾，肯定都會驚訝地發現，

「家事原來這麼了不起」。

大家也會留意到守護一個家的辛苦、值得敬佩與美好。

我希望大家能夠因此產生「所以不能要求做得完美」、

「所以不可以不幫忙分擔」等想法或對話。

在書中，我從不計其數的無名家事中嚴選出大家比較有共鳴的七十個，
並以一天的時間順序來做介紹。

不論讀了後大表贊同「對對，就是這樣」，
或是覺得「不是只有我這樣」而安心，
又或是吐嘈般地說「我家的情況更誇張」。

我希望大家能以各自喜好的角度來閱讀。
就讓我們朝無名家事的世界邁進吧。

那裡一定有你忙得不可開交、拚命努力的身影。

午後

傍晚

夜晚

本書使用方法

① 請先閱讀、歡笑、稱讚自己

這本書將配合一天的時間順序，從上午、午後、傍晚與夜晚依序介紹「無名家事」。你可以從頭開始閱讀，也可以從中間，甚至從最後開始讀，都沒問題。請邊讀邊回想自己家中的混亂狀態，感同身受地微笑。然後請認同「如此努力的自己」，我希望你能好好稱讚自己。當你邊讀本書邊不斷點頭，點頭的次數愈多，就是你努力做家事的證明。

02

將保鮮盒的容器與蓋子正確組合起來

命名

保鮮盒神經衰弱

32

【命名】
替無名家事取新名字

【無名家事】
請將無名家事化作語言。
請唸出來。

【建議】
這是我從全日本蒐集來的
「實務做法」。

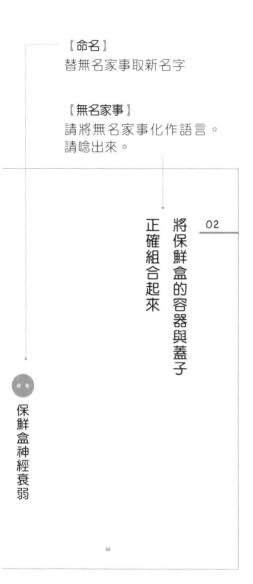

② 邊回想邊做家事

接下來，請邊做家事，邊回想書裡記載的無名家事。你只要想到「這個家事在那本書裡有寫到」，不知不覺中就會愈做愈起勁。然後請你每次做家事時都替自己加油打氣，「我這麼努力……真是了不起啊！」

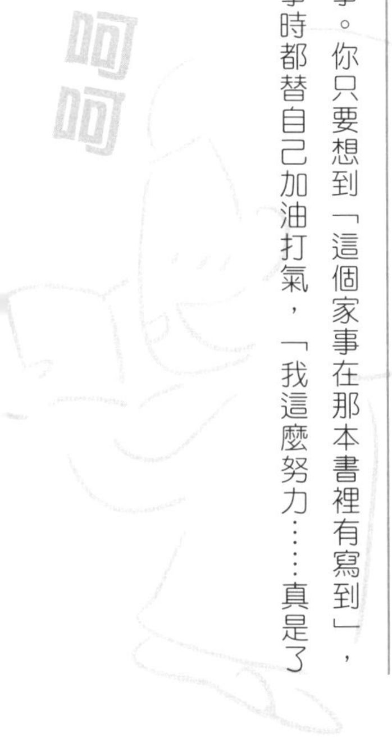

【所需時間】
做無名家事的所需時間。將這些加總起來，一天就結束了……

【漫畫解說】

無名家事圖鑑　上午

廚房用品中，宛如諾貝爾獎等級的便利物品就是保鮮盒。可以存放煮太多的白飯或吃不完的菜餚，隨時可以再拿來吃。我甚至無法想像沒有保鮮盒的日常生活。

不過，如此完美的保鮮盒還是有缺點。若是無法正確地組合蓋子與容器，就沒辦法使用。

「奇怪，怎麼蓋不太起來……這個也不對……」

倒不如全部使用同樣的保鮮盒，這樣比較沒有壓力。但為了方便因應不同的需求，白米專用、菜餚專用、湯品專用等，保鮮盒種類隨之增加。

除了要注意正確組合之外，保鮮盒的蓋子若放的離爐火太近還會變形，然後就無法確實密合了。好……好煩喔！

所需時間 3分

心煩指數 65%

建議
如果找不到蓋子，用保鮮膜封口也可以。（48歲・女性）

33

【詳細解說】

【心煩指數】
做此項無名家事造成的心理負擔指數。

③自己發掘無名家事，為它命名並發表在社群網站上

書中收錄了七十種無名家事，這僅是家事中的一小部分而已，請發掘只有你自己發現的無名家事，並替它命名，在社群網站上發表。當你得到其他人「我懂我懂！」、「我也發現了這種家事」的認同回覆，一定就能感受到與同樣努力做家事的人有了連結。你不是孤單一人的！（貼文時請不要忘了寫上「#無名家事崩潰日常」）

④和家人一起閱讀、討論

就如同「無名家事」前兩個字，這些家事不只沒有名字，甚至幾乎是只有負責做的人才會知道它。我希望其他家人也能閱讀這本書，並且大家一起討論做家事的辛苦。這不是「因為是家人，所以希望被體諒」，而是「因為是家人，所以要好好地溝通想法」，這一點很重要。這樣一來，肯定能創造討論家事的辛苦與分擔家事的契機。

※【番外篇】如果有人問你「今天一整天你在家裡做了什麼？」……

立刻拿出這本書給他看。

上午

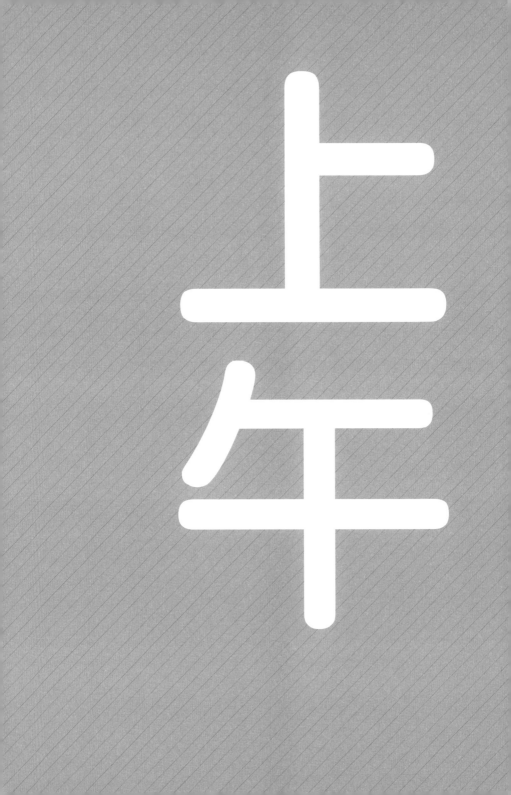

從起床到送家人出門，這段時間忙得不可開交。
可說是邊打哈欠邊與時間奮戰的時刻，忙到連打瞌睡的時間也沒有。
邊收拾昨天自己留下來的作業，邊做著無名家事的模樣，簡直就像是家裡的守護神……！

01

確認昨晚洗好放在瀝水籃裡的碗盤是否乾了，並放回原位

命名

定位

所需時間

8分

心煩指數

30%

建議

如果天氣不潮溼，待其自然風乾就好了。（37歲・女性）

早晨起床後，拉開窗簾，讓人心情舒爽的陽光照進屋裡。但，現實狀況是得立刻開始做美味的早餐，而且在此之前還有非得收拾好的東西。那就是昨晚洗好放在瀝水籃裡的碗盤！

將堆積如山的碗盤放回餐具櫃，這就是一天家事的開始，並得把飯碗和湯碗裡殘留的水滴仔細地擦乾。這個「從負到零的家事」讓人從一早就耗損腦細胞，感覺就像在收拾昨天自己留下來的作業。

工作告一段落時，家人起床了，看到收拾乾淨的廚房，沒有惡意地說：「喔，你也才剛起床嗎？」因為看起來根本不像是剛剛做完某項工作……

02

將保鮮盒的容器與蓋子正確組合起來

命名

保鮮盒神經衰弱

廚房用品中，宛如諾貝爾獎等級的便利物品就是保鮮盒。可以存放煮太多的白飯或吃不完的菜餚，隨時可以再拿來吃。我甚至無法想像沒有保鮮盒的日常生活。

不過，如此完美的保鮮盒還是有缺點。若是無法正確地組合蓋子與容器，就沒辦法使用。

「奇怪，怎麼蓋不太起來⋯⋯這個也不對⋯⋯」

倒不如全部使用同樣的保鮮盒，這樣比較沒有壓力。但為了方便因應不同的需求，白米專用、菜餚專用、湯品專用等，保鮮盒種類隨之增加。

除了要注意正確組合之外，保鮮盒的蓋子若放的離爐火太近還會變形，然後就無法確實密合了。好⋯⋯好煩喔！

所需時間
3分

心煩指數
65%

建議
如果找不到蓋子，用保鮮膜封口也可以。（48歲・女性）

03

清洗直筒狀容器時，
清潔海棉推到太裡面，
怎麼伸長手指頭都搆不著，
最後只好用筷子夾出來

命名

清潔海棉的單獨旅行

清洗水壺也會造成不小的壓力。

先將蓋子與水瓶分開；取下墊圈和吸管，再裝回去。有時候小零件還會不見，真的是夠了……

更經典的是，清潔海棉還會滑進水壺裡！只要清潔海棉掉進水壺裡，要用手將它取出來根本是不可能的任務。即便伸長了手指，即使能碰到海棉，多半也不可能順利取出。

能夠做的是用筷子伸進清洗的瓶子裡，慢慢將清潔海棉拉出來。而且即使到了最後也不知道到底有沒有洗乾淨……

話雖如此，百圓商店買的水壺專用清潔海棉，總覺得用起來不太對。

所以，拜託了，讓我的手指再長一點！

所需時間
45秒

心煩指數
40%

建議
噴霧狀的泡沫洗碗劑很方便，噴好後靜置一段時間即可。（52歲・女性）

04

容器的蓋子關太緊時，
忍不住邊在內心大喊
「可以不要關那麼緊嗎」，
邊想辦法打開它

命名

牢騷的吶喊

明明開心地做家事，卻常常會因為一個「挫折」就打壞了好心情。而打亂節奏的不起眼小事，就是怎樣也打不開的緊閉瓶蓋。

例如果醬瓶。就在你費盡力氣怎樣也打不開瓶蓋的時候，烤箱裡的麵包烤焦了、好不容易烤好的吐司放到涼了。就算手掌都紅了，也使盡全力了，還是打不開瓶蓋……

這種時候，試試日本警視廳推薦的方法：「一、將瓶子倒過來」、「二、將蓋子放在桌上壓、輕敲上面」、「三、正常地轉開」。

「這樣做轉得開瓶蓋嗎……開了！」這肯定可以變成搞笑的吐嘈橋段吧。

所需時間

1分

心煩指數

25%

建議

最好的方法是在瓶蓋的部分淋點熱水。（25歲・女性）

05

家人毫不猶豫地大量使用高級面紙，只好若無其事地換成便宜面紙

命名

面紙等級

高級面紙是只要用過一次就戒不掉的惡魔商品。保溼又柔軟，無論擤幾次鼻涕，鼻子下方都不會痛或變紅。舔起來還有點甜甜的，已經戒不掉、停不下來了……

不過，如果只用高級面紙，生活費會過高。所以就出現了這樣的區分規則：「擦拭桌子或地板用便宜面紙」、「擤鼻涕用高級面紙」。

但家人毫不猶豫地只使用高級面紙，又沒時間一一向他們說明：「不要用高級面紙擦地板」、「只是拿來擦手指的高級面紙，不要丟掉」。只能刻不容緩地把高級面紙換成便宜面紙！

所需時間 2秒

心煩指數 15%

建議

高級面紙只給自己用就好。（30歲・女性）

06

發誓「今天絕對不要生氣」後，
立刻因為微不足道的小事而生氣，
陷入自我嫌惡之中

命名

怒氣滿滿

心平靜和地過日子。

我想這是許多人的期望。最近很流行專注於當下、讓心平靜的正念療法，但在每天都不斷出現新問題的家庭裡，比較容易發生怒不可遏、怒氣滿滿的狀況。

不過，並非特別想對誰生氣或氣誰，而是正好同時發生了兩個以上的緊急狀態，不知不覺間便超過了「生氣的臨界點」。

明明水沒關一直流，小孩卻在鬧脾氣；正尿急還被纏著問無關緊要的問題；快遲到了卻打翻碗……

並不是每件事都會生氣，而是因為同時發生，怒氣才爆發的。

然後家人會責怪「你幹嘛那麼生氣？吃錯藥了？」真讓人不甘心……

所需時間
40分

心煩指數
65%

建議
最重要的是不要責怪生氣的自己。
（37歲・女性）

07

聞擦手巾來判斷是否需要清洗

命名

嗅覺的覺醒

昨天穿的衣服、昨晚洗澡後用的毛巾、穿過的睡衣，全部都在早上拿去洗。

可是每天早上都困擾著，掛在屋內各處的擦手巾到底該不該洗。昨晚才開始用的擦手巾、是否髒得該洗的擦手巾、早上起床後有誰會在意而必須換掉的擦手巾，光用手摸是沒辦法判斷的。

可以信賴的……只有自己的鼻子！

沒錯，用鼻子聞最準。

已經發出臭味的擦手巾不需要特別聞就可以直接拿去洗，但還沒發出臭味的，就必須將鼻子湊近毛巾，確實嗅聞才會知道。最後能信任的就是自己的五感。

聞聞聞聞……很好，今天還不用拿去洗！

所需時間

7分

心煩指數

5%

建議

感冒或長針眼的家人用過的毛巾，因會引發感染，直接拿去洗就對了。

（37歲・女性）

08

判斷用手洗還是用洗衣機洗

命名

洗衣的選擇

喜歡的衣服會想穿久一點。送乾洗太貴了，這時第二順位就是「手洗」。

用洗衣機洗會傷害布料，用手洗的話可以將傷害降到最低。輕柔地手洗喜歡的衣服，也會萌生未來好好珍惜的心情。

不過，手洗是件超乎想像的費力工作。

先在水盆裡裝入溫水，滴入幾滴洗衣劑，邊將衣服放進去邊洗。然後換水，反覆洗幾次，接著用清水沖掉洗衣劑，脫水。那個脫水程序很累人……

由於之前的經驗讓人相當煩惱，到底手洗好還是丟入洗衣機洗好呢。就算再怎麼喜愛的衣服，光是想像那個手洗程序，就決定丟入洗衣機裡了……丟入！

所需時間
20秒

心煩指數
20%

建議
先用洗衣機洗一次，下次再判斷洗法。
（40歲・女性）

09

小孩在興奮狀態下將衛生紙拉出一長串，認分地將它捲回去

命名

捲衛生紙

小孩安靜無聲時，多半沒好事。例如把玩具塞進縫隙、亂畫牆壁、正在努力拿什麼搆不到的東西等。

最常發生的就是把捲筒衛生紙拉出來吧？等到你發現時，通常為時已晚，捲筒衛生紙已被小孩拉出超過八成。然後小孩在一片雪白的幻想世界中，一臉彷彿在說「稱讚我好棒」的得意表情。嗯，雖然小孩很可愛……

小孩滿足後離開了，將捲筒衛生紙捲回去就變成父母的工作。一開始還可以捲得很漂亮，慢慢地愈來愈不耐煩，捲得亂七八糟，左右不對齊，別太小看捲衛生紙這件事了。

就算現在捲回去了，之後還是得拉出來用啊。根本不用捲得太漂亮啦。

所需時間

4分

心煩指數

65%

建議

不用捲回去，摺一摺放著就好。

（37歲・女性）

10

時鐘不準了，嫌麻煩而不調整，自己在腦中變換正確時間

命名

時間腦訓練

早上是和時間賽跑的時刻，因此看時鐘的機會很多，還有很多時候邊看時間邊不自覺地做事。

「嗯，那個時鐘快了五分鐘，還來得及。」

沒錯，明明知道那個時鐘的時間不對，要自己在腦中換算正確時間，每看一次就要自己變換一次時間。

得從時鐘後面的按鈕或轉針來調整時間，但幾乎沒有時間做，所以就變成了每天每一次都要在腦中切換正確時間。明明只要把時鐘調好就好了……

而且為了提早五分鐘行動，還要再把時鐘的時間往前推五分鐘，「嗯——那個時鐘快了五分鐘，所以還來得及」。真的明明只要把時鐘調好就好了……

所需時間 5 秒

心煩指數 10 %

建議

想知道正確時間的話，看手機就好了。

（45歲・女性）

11

加溼器的加水燈亮了，
明知道要加水卻視而不見，
變成得不斷提醒自己

命名

家庭沙漠

身體管理不只是注意室溫而已，也得留意房間裡的溼度。專家說：「讓溼度提高至某個程度，即能抑制病毒的繁殖。」特別是乾燥的冬天，我想很多家庭都會使用加溼器。

加溼器能夠提高屋內的溼度，為了加溼就需要水分。連日持續乾燥的話，就必須每天加水。不過，現實狀況是在忙碌的每一天中，根本沒辦法抽空做這件事。

「啊，加水燈號出現了」、「糟糕糟糕，得趕快加水才行」、「加水嘛，知道了，知道了」、「我今天會做，原諒我……」

就這樣每天不斷提醒自己。

當溼度高時水分就會積存，就用那個水分來加溼。我真希望有一天能出現這樣的運作機制！

所需時間

5 天

心煩指數

15 %

建議

只要將扭溼的毛巾放在房間裡就夠了。

（48歲・女性）

12

明明踩在應該是乾的浴室地板上，
踩下瞬間襪子卻溼了，
待洗衣物又增加一件

命名

突如其來的水窪

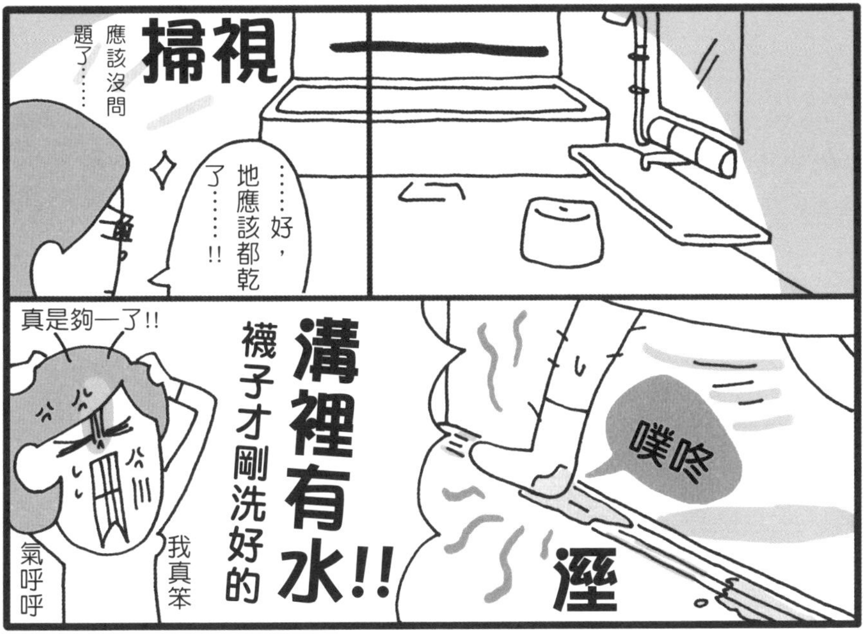

洗澡之外，也有許多時候要進浴室做別的事，如清洗浴室、晾衣服等。這時得注意確認地板是否乾了。

如果太大意的話，襪子就會弄溼、才剛穿的襪子又要丟去洗。不然就是襪子只溼了一點點，忍著繼續穿。

不過，無論多麼仔細確認，還是會發生悲劇。

「好，地板沒溼。……溼了……」

我明明確認過了！我明明看地板都沒有溼啊！還謹慎小心地選了乾的地方才踩出去的！

用肉眼無法確認的水弄溼了襪子，這大概可以認定是我家中的七大不可思議事件之一吧。

所需時間

5秒

心煩指數

60%

建議

除了冬天之外，我都赤腳，所以不會有弄溼襪子的情況。（48歲・女性）

13

小孩開始有自我意識，什麼事都想自己做，
雖然很開心但小孩做得慢，
只好出手幫忙，
反倒浪費更多時間

命名

性急一著

媽媽!!
這個我要自己穿!!
襪子!
哇，好棒喔!!
可是沒時間了，我幫你穿一隻腳
穿上
好——另一邊你穿給媽媽看☆
我要自己穿!!我全部都要自己穿啦!!
糟了，傷停時間……
哇啊啊

每個小孩都有「叛逆期」。

我想很多人光看到這幾個字就不禁起雞皮疙瘩。雖說是叛逆期，其實真正的狀況是「我明明想要自己做，卻被父母搶先做好了，因而生氣」。

我想，父母心就是呢，小孩能自己做的事愈來愈多，確實很開心，如果時間許可的話，真的很想讓小孩自己做。但是等了又等，小孩還是做不好，只好出手幫忙。尤其忙碌的早晨更是如此。

例如穿襯衫時釦子扣錯、穿鞋子時左右腳穿反，但只要一出手幫忙，後面的事情全部都做不下去了，小孩在父母出手的瞬間放聲大哭，然後又浪費更多時間，進入惡性循環……

大家教教我。該怎麼做才對!?

所需時間

30分

心煩指數

65%

建議

當小孩說「我要一起做菜!」時，拿出芙酪吉*。芙酪吉萬歲!（32歲・女性）

*日本好侍食品公司出產的自製甜點包

14

開啟掃地機器人之前，得先把放在地上的東西全部移到桌上或高處

命名

開道

家電進步的速度真是讓人驚奇，電風扇沒有扇葉、放進食材就能自動烹煮、碗盤自動洗淨等。

在這之中，掃地機器人也為縮短家事時間做出了貢獻，大大減輕了「打掃、清洗、烹煮」這種大型家事之中的打掃負擔。

不過掃地機器人還是有缺點，如果不先把地板收拾乾淨，就沒辦法運作。

要將放在地板上的包包移到沙發上；將小孩亂丟的玩具放入玩具箱並收進櫃子裡；脫下後隨手亂丟的衣服得丟進洗衣機。

如果不先做這些準備工作的話，回家後就會看到因捲進布或繩子而停止工作的掃地機器人慘劇。原本回家後應該看到整齊乾淨的房間才對啊……

所需時間

5分

心煩指數

35%

建議

留意掃地機器人會出現的撞倒垃圾桶悲劇。（37歲・女性）

15

出門前才發現鑰匙不見了，邊回想昨天穿的衣服和用的皮包邊狂掏口袋

命名

鑰匙雷達

差不多該出門了
掏
掏
……咦？
鑰匙呢……
鑰匙
踢
鑰匙
鑰匙
踢
確實把皮包丟在這裡—
丟～
把廣告單放在這裡—
亂七八糟
接著穿襪子……
找到了
丟
丟
喃喃自語

原本該放鑰匙的地方卻沒看到鑰匙。這是早上的大事件。

但就算鑰匙不見了，仍然泰然自若，心想「這裡沒有的話，一定在那邊」而老神在在。

直到那裡也沒找到才開始認真尋找。掏一掏昨天穿的衣服口袋，翻找昨天拿的皮包，將皮包裡的東西全部倒在地板上。

最後，原本在體內沉睡的鑰匙雷達啟動了，提升靈敏度。

鑰匙所在的位置不能用想的，要用感覺的。我用鑰匙打開門進到家裡，鑰匙不可能不見。要深信這一點。

找遍家裡還是找不到，先冷靜下來思考一下。然後，多麼神奇啊。不就在你今天拿的皮包裡嗎？

所需時間

2分

心煩指數

85%

建議

在鑰匙上掛個鈴鐺，只要搖晃皮包就知道鑰匙是否在裡面了。

（31歲・男性）

16

閃過了昨天放在玄關的紙箱，腳趾頭卻踢到另一樣東西而疼痛不已

命名

障礙物玄關

網路購物很方便，一不小心玄關就會堆滿紙箱。

只要養成習慣，收到包裹時將物品取出後，立刻將紙箱摺好即可，但往往懶得如此做。

堆放的紙箱會讓原本狹小的玄關變得更小。然後變成障礙物，阻礙進出。

手忙腳亂的早晨裡，為了閃避紙箱，一急之下，悲劇就降臨了。躲掉紙箱，小趾正好踢到鞋櫃和家電的一角。「啊！」就算發出慘叫，腳還是痛到不行。邊感覺痛邊穿鞋子，邊感覺痛邊搭電梯，邊感覺痛還是得邊往目的地前進。

所以我發誓，回家後立刻把紙箱清理乾淨！

所需時間

3分

心煩指數

50%

建議

只要將紙箱直著放，玄關就會變得較寬。（40歲・女性）

17

看窗外確認外頭沒下雨，
出門瞬間卻開始下雨，
只好回家拿雨傘

命名

健康的早晨回家

好了，出門去～
咦？
天空陰陰的……似乎快下
雨了，不過還沒下，我只是出門一下而已
大受打擊
下雨了！
開門
我回來了……
靜悄悄——
當然不會有人回答……

一邊準備早餐一邊確認天氣，這是早晨很重要的功課。是否下雨，不只與穿衣或準備的物品有關，還會關係到早上的計畫。

此時要特別注意的是「看起來陰陰的，但沒下雨」這種曖昧不明的天氣。簡單地判定「沒下雨」，結果一走出去發現其實在下雨，此時最讓人感到絕望。

這樣的話就不能騎腳踏車，只能用走的；公車會因為塞車而無法準時抵達；得回家拿傘……如此一來，肯定會遲到。

所以就算嫌麻煩也要打開窗戶，確認是否有下雨。如果還是擔心的話，就看路上的人是否有撐傘。

請邊揉著睡眼惺忪的眼睛邊確認……

所需時間

3分

心煩指數

40%

建議

隔著紗窗看比較難分辨是否有下雨，打開紗窗確認是基本。（40歲・女性）

18

騎電動腳踏車時突然發現電池剩不到十%，用節能模式應該能撐到目的地，邊祈禱邊猛踩踏板

命名

個位數倒數計時

騎電動腳踏車的話，無論怎樣的坡路都可以順利前進，就算載小孩也不會累。但其中有個致命的缺點——如果不確實充好電，就會變成超重的腳踏車，得像苦行僧一樣努力踩著沉重的踏板才能前進。

因此當我打開電動腳踏車的電源，看到電池剩不到十%時，立刻想起昨天的慘劇。

「對了，之前才想說要充電才行！可是東西太多了，現在不可能啦！」

於是乎，切換成能在短時間走長距離的「節能模式」，現在只能祈禱平安無事地抵達目的地，然後順利回到家了。人類真的是很柔弱的生物哪……

神啊！請幫幫我的電池！

所需時間
20分

心煩指數
45%

建議
我家附近都是坡道，所以電池只要低於四十%，我就不騎車出門。（37歲・女性）

午後

「可以悠哉地待在家裡真好。」

下午是一段很容易讓人誤解的時間，其實要做的事多得很，忙得不可開交。

沒辦法在下午做家事的家庭會利用早上、晚上或周末來做。家人看不到、不起眼的無名家事的真實狀況在這裡……！

19

晾衣服時，依據剩下的衣物量隨時調整吊掛間距

命名

間隔感覺

洗的衣服若不多，晾衣服時，衣架之間的距離就可以比較寬鬆。這樣一來，通風好，衣服自然乾得快，讓人心曠神怡。

不過，晾到一半就會開始不安。

「晒衣杆全掛滿了，衣服或許無法很乾爽……」一邊留下適當間隙一邊晾衣服，衣架一個個掛上去，又出現新的不安。

「晒衣杆可能不夠用，只能晾在室內……」

就這樣帶著忐忑不安、悶悶不樂的心情持續晾著衣服。

如果還有不好晾的牛仔褲和帽T、不容易乾的衣服混在其中，晾衣服的難度又會再提高，要特別留意。只能更頻繁洗衣服了……

所需時間
20分

心煩指數
35%

建議
家人多的話，待洗衣物太多，根本沒有精力去計算！總之掛上去就對了。（37歲・女性）

20

晒棉被時得用手指摸摸晒衣杆，判斷是否需要擦拭

命名

婆婆的指尖

衣服可以很快晒乾的好天氣，就會產生洗衣服的幹勁！不過，晒衣杆若是髒兮兮的就會影響好心情。棉被和大毛巾會直接掛在晒衣杆上，因此得注意晒衣杆是否乾淨。

於是呢，得用食指摸一摸晒衣杆確認乾不乾淨。那種摸法就好像是婆婆固執地確認和式紙門框或家具上是否有灰塵般。沒想到自己會這樣用手指來做確認……

雖然說如果是髒的，用溼抹布擦乾淨就好了，但這樣做又產生了新問題。用溼抹布擦的話，還得等它乾才行，用乾抹布擦又怕擦不乾淨。

枉費今天是適合洗衣服的好天氣哪……

希望心情也是乾爽的！

所需時間
30秒

心煩指數
20%

建議

在洗衣機運轉的時候，拿溼布擦晒衣杆就好了！

（42歲・女性）

21

洗衣籃裡只剩一隻襪子，
四處去尋找另一隻

命名

尋找伙伴

襪子是讓無名家事增加的麻煩傢伙。

把內裡翻出的襪子翻回來、把脫下後隨意亂丟的襪子放入洗衣機、把髒兮兮的襪子丟進洗衣機前先稍微刷一下、看到有破洞的單隻襪子雖覺得可惜還是丟掉。

還會有以下這種浪費時間的情況。比如在洗衣機裡只發現單隻襪子，一邊回想另一隻襪子會在何處，一邊尋找，花費許多工夫。

回想昨天洗衣服的情況，確認看看是不是夾在其他衣服裡，還是掉在家中某處，又或者是晾乾後收在哪裡了。就這樣，光找一隻襪子就浪費了許多時間……

最後的解決方法是，告訴自己「穿兩隻不一樣的襪子也是一種時尚」，不用在意！

所需時間

2分

心煩指數

35%

建議

全部買一樣的襪子，要買新的時候再全部換掉。（42歲・男性）

22

剪刀不在原本應該收放的位置，腦中浮現沒有物歸原位的家人面容

命名

迷路的文具

原本應該是放置某樣物品的地方，卻沒有在那裡。這個確實會造成壓力，要找出它也得花不少時間。而且如果這種情況太過頻繁，每次都會讓人感到煩躁。

其中最常發生的東西就是剪刀。

想剪衣服標籤時卻找不到剪刀；想剪突然冒出來的線頭卻找不到剪刀；想剪下雜誌報導時卻找不到剪刀。

像這樣，只有在要使用剪刀時，才會發現它不在原本該在的地方。

然後就開始回想「啊——應該是某位家人在哪裡用過」，記憶在腦中隱約浮現。一步步推理出誰是沒有物歸原處的犯人。

但就算查明犯人，剪刀還是沒有出現啊……

所需時間
3分

心煩指數
65%

建議
狀況緊急時就偷偷用廚房剪刀。（55歲・女性）

23

清理絕不是自己弄的馬桶尿漬

命名

擦掉他人的尿漬

大家還記得嗎？

〈廁所之神〉那首歌。

這首歌是創作歌手植村花菜的暢銷歌曲，二〇一〇年她登上紅白歌唱大賽時演唱後，瞬間紅遍全日本。我還記得歌詞中有「每天打掃廁所的話，就可以變得像廁所女神一樣漂亮」這一句。

大家都不想打掃廁所，但做這件事的人才是廁所之神，不是嗎？

而且清理自己弄髒之處還說得過去，但連噴到四處的尿與滴到馬桶外的尿漬都要清理，真的讓人肅然起敬……

對，廁所之神不是虛構的，每個家庭裡都有！

所需時間

5分

心煩指數

70%

建議

噴上適量的清潔劑就完成了。

（42歲・女性）

24

在家庭菜園裡反覆培育超市買的豆苗，挑戰極限

命名

廚房二毛作*

*在同一耕地上，一年種兩種不同的農作物

保護家庭也包括掌控家計，所以節省是很重要的家事之一。

在伙食費上「不買多餘食材」、「不浪費食材」是基本。再進一步，對節省更有貢獻的是家庭菜園。

家庭菜園可不是種香草或薄荷這種時尚又不能裹腹的植物，而是白蘿蔔、蕪菁的頭、豆苗的根部，只要放在裝了水的盆子裡，就會變成充滿生活感的廚房菜園。

總之，其中最受矚目的是豆苗。栽種後三天內就會冒出新芽，拿來做生菜沙拉或煮味噌湯都很美味。最少可以收成兩次。

只不過之後的新芽會愈來愈細，成長速度也會變慢，那大概就是它們的極限了。

感謝它們做出的貢獻後，再丟入垃圾桶！

所需時間
2週

心煩指數
20%

建議
滴入一滴液態肥料就可以快速成長了。
（45歲・女性）

25

食物的保存期限過期了好幾天，自己試吃看看，確認是否還能食用

命名

自我人體實驗

兩天前
啊，牛奶過期了
020.0X.X
兩天啊……
呼
今天的身體狀況不錯，外面是晴天，準備好了……
預備
咕嚕咕嚕
呼
沒有苦味和臭味！三十分鐘後身體沒問題的話，應該就OK！

食品標示上有「保存期限」和「最佳食用日期」兩種。

保存期限是「過了這一天最好不要再食用的日期」，最佳食用日期是「在此日之前食物的品質最佳的日期」，但在忙碌的生活中，大家往往不會注意到這些細微末節。

大家想知道的只有眼前這個期限到期的食物到底能不能吃。而且知道的基準有「納豆的話過期三天還OK」、「火腿的話五天可以」、「牛奶的話超過兩天就不能喝」。當然，最重要的是腸胃的強健與那天的身體狀況……

靠著這種粗略的感覺，不只能判斷剩下的食物還能不能吃，在超市看到即期品特價時，也能適當判斷是否可以購買。

這個只能夠靠實驗了。而實驗的人，當然是自己！

所需時間

1 分

心煩指數

25 %

建議

最後只能相信自己的嗅覺。鼻炎是最大敵人。（42歲・女性）

26

打開冰箱確認裡面的存糧，
警告聲卻響了起來，
只好關上門後再次重新打開

命名

冷酷的警報聲

要做自己的午餐時，我基本上會視冰箱裡有哪些食材來決定。

蛋、竹輪、番茄醬、納豆。蔬果籃裡有小黃瓜、洋蔥和剩下的紅蘿蔔。冷凍庫裡有冷凍白飯和毛豆。

打開冰箱，我想著「這樣的話要煮什麼好……」，邊發愣邊構思食譜時，冰箱開始發出「嗶——嗶——嗶——」的聲音，給人沉默的壓力。警告聲在告訴我「冷氣流失了，趕快關起來」。

因為這樣會浪費電費，食材也容易壞，我會先關上冰箱門，然後再思考要利用冰箱裡的食材做哪些菜。

啊～想食譜好麻煩喔……希望以後的冰箱會開發出利用冰箱中的食材提供食譜的自動功能！

所需時間
2分

心煩指數
25%

建議
冰箱裝透明膠膜避免冷氣流失，也能降低罪惡感。
（37歲・女性）

27

一個人吃午餐時，想到端出去吃會弄髒桌子就覺得麻煩，在陰暗的廚房吃完就算了事

命名

廚房午餐

有時候連想自己午餐要吃什麼都嫌麻煩，已經不是「偷工減料」的程度了，而是邁入又深又長的墮落之道。

昨天的剩菜也可以；白飯配納豆也可以；因為不想多洗碗盤，把所有的食物都放在白飯上就好了；在廚房吃一吃就好了。

最後變成，一個人在廚房裡吃著沒人吃過的新創丼飯，而且意外地好吃！

在餐廳與小吃店，確實有原本是員工自己吃的「員工餐」後來變成了店裡的人氣料理。

不過，這種新創丼飯要變成家裡的人氣料理的話……可能還不到可以端給其他家人吃的水準！

所需時間
13分

心煩指數
45%

建議
連吃飯都嫌麻煩，我覺得有吃就很棒了。
（37歲・女性）

28

在穿著打扮不適合見人時，電鈴突然響起，似乎是宅配人員，猶豫著是否該假裝不在家，最後急急忙忙換衣服

命名

光速換裝

午後的休息……
哈哈哈
叮咚
這個是包裹……
啊
怎麼辦？可以見人嗎？
不行……但動作快一點或許來得及。
Let's JUDGE!!
素顏、油光滿面的臉
亂七八糟的頭髮
皺兮兮的T恤
吃午餐時沾到的汙漬
中學時期的運動褲
沒放下的仙貝
碎屑
但是如果對方是帥哥的話，我很丟臉耶……
猶豫不決

下午是毫無防備的時間，穿著縐巴巴的T恤做家事，頂著亂七八糟的頭髮匆忙地度過，宅配人員似乎是看準這個時間而來的。「叮咚」。

第一聲電鈴讓人緊張起來，猜想著對方會在公寓一樓的大門前，還是會走到家門口呢？我有多少時間可以換裝、還是罩一件外套就好了？思考這些時，響起了第二聲電鈴。「叮咚」。

如果再不應答的話，一定會變成得再次送貨了。

我一邊想著「再次送貨很麻煩」、「請人家再次送貨也很不好意思」，一邊鼓起勇氣回應。

「請等一下～」

好，我只有十秒鐘可以換裝了！

所需時間

10秒

心煩指數

65%

建議

只將門打開至臉若隱若現的縫隙來收取包裹即可。（30歲・女性）

29

一旦過了十月，
無論看到哪裡髒亂都會想著
「等大掃除再說」，
試圖延後問題

命名

大掃除再說

說到年底的例行公事，無非就是大掃除了。一次將一整年的髒亂清理乾淨，好迎接新的一年到來。雖然很辛苦，卻是一件很重要的事。

像這樣的大掃除，就是即將迎接一年的結束，不過往往因此變成「某種藉口」。

看到抽油煙機的油汙時、注意到電視和洗衣機裡累積了不少灰塵時、發現瓦斯爐的爐架滿是油漬與焦痕時、看到廚房瀝水籃附近有怎樣刷都刷不起來的橘色髒汙時。

「等到大掃除時再一起處理就好了！」往往以這個理由來延後處理這些問題。

於是，今年的大掃除似乎會變成非常非常大規模的大掃除了！

所需時間

10 秒

心煩指數

30 %

建議

我家從一月開始就什麼都等大掃除再說了。（32歲・女性）

30

大掃除擦窗戶時，
雖然心想「每天做的話是很好的運動」，
但完全不會執行

命名

窗戶伸展運動

說到大掃除的打掃就會想到擦窗戶吧。客廳的窗戶偶爾會擦，但其他房間的窗戶平常幾乎不會擦。開始擦窗戶後才發現，這是需要花費體力的工作，真是沒想到啊。手要伸直，腰部也要同時用力。手臂左右大幅度擺動，膝蓋則是彎曲上下移動。平常運動不足的身體因此而得到了非常充分的運動。

於是我有了這樣的想法。

「擦窗戶就像去不用錢的運動中心。不但能做伸展運動，還可以讓家裡變乾淨，一舉兩得！明天開始定期來做吧。」

雖然應該是如此，雖然是理所當然的事，不過我一次也沒有執行，一直到隔年的大掃除才會做。

因為每天都很忙，所以也沒辦法囉……

所需時間

15分

心煩指數

30%

建議

我從來不擦窗戶。就算不擦窗戶也活得下去。

（30歲・女性）

31

補充清潔劑時因為倒太猛而灑了滿地，
無奈地清理黏答答的液體

命名

裝填爆發

近年許多清潔劑、洗髮精和沐浴乳都出了補充包。補充包不只環保，也比較省錢，優點很多。但是裝填補充包時，會出現因為倒得太猛而灑出來的狀況，最慘時往往倒得滿地都是。無論多麼小心，還是會有液體從瓶口流出來，簡直就是希望渺茫……

最近市面上甚至出現了可以補充兩次的增量版補充包。倒這種增量補充包時，往往會從「灑出來」變成「滿出來」，要非常注意。

當我想倒大量液體，倒到一半想停止時，卻徹底失敗，最後倒到了容器外面。

原本應該是賺到的補充包，最後變成損失慘重！

所需時間

5 分

心煩指數

70 %

建議

用毛巾擦拭過後直接丟進洗衣機裡，就不需要再倒清潔劑了。（32歲・女性）

32

原本想好了完美的做家事計畫，發生打亂節奏的事件後，瞬間幹勁全失

命名

家事塞車

完全沒有行程的一天，正是處理之前沒做的瑣碎家事的好時機。

中午以前洗好鞋子後拿去晾，再來收拾保特瓶；下午整理堆在玄關的紙箱，把郵件拿出來；然後上網買必需品。我邊思考邊排定不浪費時間的完美計畫。

但是，出現了徹底破壞完美計畫的麻煩。清洗鞋子的髒水噴到衣服上，只好再用洗衣機洗一次衣服；整理紙箱時割破手，突然間幹勁全失……

計畫愈完美愈難以挽回。當然計畫就全毀了。

像這樣的日子，就不用做家事了！

所需時間

45分

心煩指數

90%

建議

鬆緊適度很重要，無所事事的日子也是必要的。（52歲・女性）

33

看著拖鞋鞋底
邊心想「怎麼這麼髒」邊默默放回原位

命名
底部的世界

很多無名家事的原因意外地來自於拖鞋。

找到脫下後被亂丟的拖鞋，放回玄關。脫下後的拖鞋不見了，赤腳四處尋找。看到自己的拖鞋被某位家人穿走了，煩躁不已……

而超越以上這些，讓心理大受打擊的則是——看到翻過來的拖鞋鞋底超乎想像的髒。

因為地板髒，所以拖鞋鞋底才會髒；因為拖鞋髒，所以地板才會髒；陷入無限迴圈……完全是可以的話不想知道的悲慘真相。

下次再用抹布擦乾淨吧。差不多該買新拖鞋了。

但在那之前，我不想看到……

所需時間

7秒

心煩指數

5%

建議

買可以清洗的拖鞋，整雙丟去洗很方便。（55歲・女性）

34

下定決心要來丟東西卻陷入回憶中，最後什麼也沒丟，白白浪費時間

命名

回憶恐攻

有時會突然下定決心要來丟東西。衣服換季或大掃除時；東西太多找不到要找的東西時；在壁櫥的陰暗角落發現紙箱時……類似這樣的許多時刻。

一旦開始整理，就會陷入回憶，進入懷舊時光。拿出壁櫥或紙箱裡的東西後，各種各樣的回憶往往排山倒海而來。

「這是旅行時買的紀念品」、「這封信是什麼」、「好想回到當時」。

結果只丟掉了一些文件資料，其他東西都留下來了……

幾年來都沒打開的紙箱，最好的做法就是連同紙箱一起丟掉！

所需時間　3 小時

心煩指數　65 %

建議

反正死了之後也得丟掉，所以現在丟也一樣。（52歲・女性）

35

小孩在嬰兒車裡睡著了，
在路上遇到高低差
小心地抬起前輪

命名

小小翹孤輪

帶小孩出門是件緊張的事。

怕小孩在電車上吵鬧；怕小孩不願意一起買東西；說要回家時，怕小孩吵鬧不休；唯一可以放鬆的時刻，就是小孩在嬰兒車裡睡著時。

那種時候會出現各種不同的念頭。去咖啡店喝杯茶吧；去把東西買好吧；去試穿衣服吧。是的，只有小孩睡著的時間，才是屬於自己的自由時光。

這時最重要的就是平穩地移動嬰兒車。絕對不能急躁。

把嬰兒車的椅背放平，上面蓋好薄布，保持昏暗狀態。要注意路上的高低差，用小小的翹孤輪朝目的地前進。

可以的話我希望小孩睡上一小時……

所需時間

5秒

心煩指數

15%

建議

小孩在嬰兒車裡睡著時，去咖啡店喝杯咖啡最棒了。（32歲・女性）

傍晚

為了趕上家人回家的時間，匆匆忙忙地趕回家。

整理房間；做完剩下的家事；邊思考菜單邊出門買菜。

邊不斷處理間不容緩出現的無名家事，邊期望能有個平靜無事的夜晚……！

36

突然覺得「想要那個東西」，
卻連物品的名稱都想不起來，
就算想上網搜尋也沒辦法

命名

請問芳名？

有不知道的事情時只要查一下，立刻就能找到答案，這是網路搜尋的優點。網路搜尋已經是現代人生活中不可或缺的一部分了。

但這其中有一個問題，也就是理所當然地，要是不知道要搜尋的名稱，就沒辦法搜尋。

例如和朋友聊天時說到那個東西；看電視時看到某個覺得很方便的東西；最近一直很想要的那個東西；最近成為流行話題的那個東西。隨著時間流逝，那個東西就變多了……

於是呢，利用片段資訊，想辦法上網搜尋。

「用『便利小物　飯勺　直立』來找。」

然後按下搜尋鍵！

找到了！「可立式飯勺」，就是它！

所需時間

3分

心煩指數

10%

建議

搜尋時在文字中加上「AND」，就能提升精準度。（28歲・女性）

37

因為水流不順而檢查了排水口，
竟超乎想像的髒，
用強勢水流沖過後
默默蓋上

命名

只沖掉黏液

排水口是家裡最容易藏汙納垢的地方。

一開始「只有一點髒」，往往會算了。但是，水流慢慢地愈來愈不順。雖然心想「差不多該打掃了」，還是視而不見，直到完全阻塞。

最後沒辦法了，只好打開排水口的蓋子，看到頭髮與垃圾纏繞在一起，出現黏稠狀態。真的是髒到不行……

雖說是自做自受，但實在太髒了，徹底喪失了打掃的幹勁。於是用水去沖。

這是下下策，用強力水柱沖掉黏液，光這樣做就可以讓水流變順了。

好，明天再來清理吧……

所需時間
30秒

心煩指數
20%

建議
只要將排水口的網子稍微傾斜一下就可以從縫隙沖走。雖說其實不該這樣做……（28歲・女性）

38

將吸塵器裡的垃圾倒入垃圾桶的瞬間
揚起了細小的灰塵，
只好再用吸塵器打掃一次

命名

灰塵之舞

所需時間

30秒

心煩指數

40%

建議

因為清理很麻煩，只好讓吸塵器裡的垃圾繼續累積了。（30歲・女性）

清理吸塵器裡的垃圾。

一件這樣小的事，竟然會發生一連串麻煩。

將裝垃圾的集塵盒拉出來的瞬間，揚起了細小的灰塵；要把集塵盒裡的垃圾倒掉時，垃圾灑了出來；將集塵盒裡的垃圾倒進垃圾桶時，因為動作太猛而讓小灰塵四處飛散；將集塵盒裝回去的那一刻，細小的灰塵再度飛散。

這時不只想咳嗽，還得再用吸塵器打掃一次，或是用衛生紙將灰塵擦拭乾淨。

雖然可以等到下次打掃時再清理乾淨就好，但是因為正好親眼看到灰塵飛散的瞬間，當場會思考究竟該怎麼辦才好。

我真的很受不了自己在一些奇怪之處的堅持……

39

明明打掃得很乾淨才對，
不知為何有捲毛散落，
只得重新掃幾次

命名

陰毛的陰謀

明明剛剛打掃完，地上卻有掉落的毛髮。那個地方剛才確實打掃過了，而且還是捲捲的毛。如果只是小灰塵還說得過去，竟是捲捲的毛……

如果是頭髮的話我還可以接受，例如梳頭髮時或黏在衣服上而掉下來的頭髮。據說頭髮一天最少會掉五十根，所以頭髮自然掉落是理所當然的事。但是，頭髮是頭髮，那個是捲毛。我平常又不會赤身裸體，到底為什麼……

而且不只在地板上，擦拭餐桌要擺放餐具時，換洗床單或鋪新床單時，也可以看到掉在一旁的捲毛。只是小灰塵還說得過去，竟是捲捲的毛……

我只能把它當成是陰毛的陰謀了！

所需時間

7 秒

心煩指數

60 %

建議

要想那絕對不是自己的。（42歲・女性）

40

坐在沙發上
聽著洗衣機「洗滌完成」的樂聲

命名

從對岸來的通知

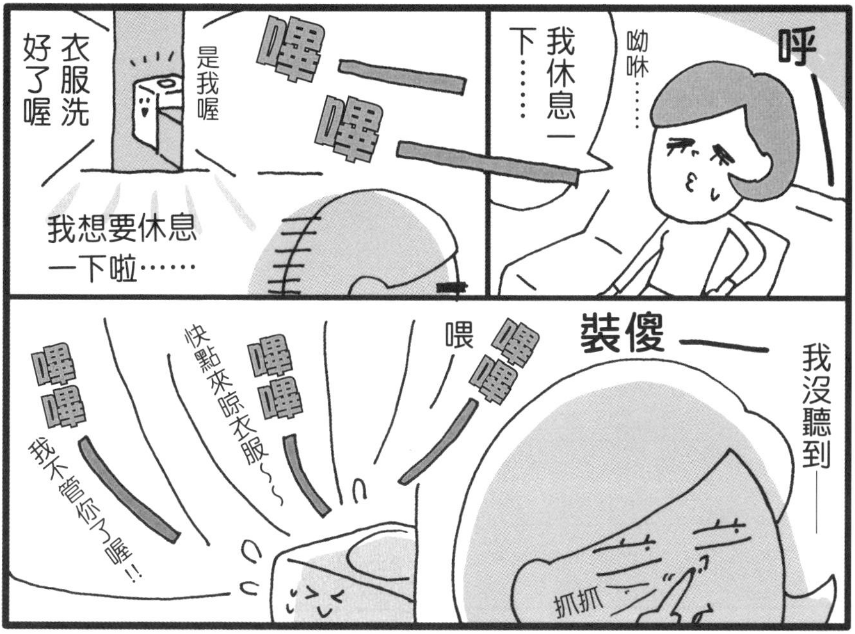

似乎看準了時機似的，只要我坐上沙發的瞬間，立刻會發生事情。我想很多人都有這種經驗吧。

在我家最常發生的是洗衣機發出的「洗滌完成」通知聲。

「嗶—嗶—嗶—」（喂，洗好了喔！）

一開始我假裝沒聽到地打瞌睡。但是現在很多洗衣機都有在數分鐘後再次告知洗衣完成的催促功能，會不斷地發出警示聲。

「嗶—嗶—嗶—」（喂，你聽到沒有！）

「嗶—嗶—嗶—」（趕快晾一晾比較好喔！）

「嗶—嗶—嗶—」（吼，我不管你了喔！）

像這樣似乎聽到洗衣機在對我講話，也可以算是一種特殊技能吧。

對不起，再等一下……我不想離開沙發啦。

所需時間

15分

心煩指數

55%

建議

只要別放到明天早上再晾就很棒了。（37歲・女性）

非常嚮往超級主婦的生活，
自覺完全比不上而為此心神不寧。
總之
決定晚餐先增加一道菜再說

命名

動搖的主婦心

超級主婦AYAKO的法則
閃閃發亮
食材費四個人一萬日圓。
在IG的「Simple」主題標籤中很受歡迎。對於假日時DIY室內布置也很講究
呼
一定是有錢人，都交給管家去做吧
當晚
算了——今天努力一下好了!!
明天再恢復往常吧～
放上
鏘鏘
?

考量家人健康的料理，打掃得很徹底的房間，漂亮的穿著加上一樣名牌小物，而且無論是興趣或工作都做得超棒，還很有自己的風格。

這就是超級主婦。根本已經超過理想，說是超人等級也不為過了。

我想，看到那樣的人，很多人都會心生羨慕「我也好像變成那樣喔」。但又會覺得「大家都同樣擁有二十四小時，為什麼差那麼多」，並為此焦慮不安……

這時很重要的是，你要想「那個人是超人，已經不是人的等級了」，而且只需要模仿自己有辦法模仿的部分就好了。

每天帶著笑容過日子，晚餐多做一道菜，偶爾打扮得漂漂亮亮，只要每天都很努力，這樣就很棒了！

所需時間
15分

心煩指數
55%

建議
無需特別羨慕，反正是住在不同世界的人。
（37歲・女性）

42

找不到剩下的零食，正懷疑某位家人吃掉的瞬間順利找到了，為自己的懷疑稍作反省

命名

損失懷疑

一個人做完家事後，最開心的事就是吃剩下的零食。

不是買給家人吃的零食，而是自己喜愛且個人獨享的稍微高級的零食。例如三百日圓的冰、便利商店的甜點、從別人送的點心禮盒中取出的主角級點心。

從興高采烈變成怒氣沖沖，不知不覺間將矛頭指向家人「是那個傢伙偷吃了吧……」，邊喃喃自語邊尋找，最後在更裡面的地方找到了。

我也太會藏東西了吧。

不過，在責怪對方前找到真是太好了……

所需時間
3分

心煩指數
30%

建議
在心裡對對方道歉「對不起亂懷疑你」，這樣做很重要。（32歲・女性）

43

原本想悠悠哉哉地喝杯咖啡，
跑了兩、三家咖啡店卻都客滿，
跑累了
買完晚餐食材後就回家了

命名

咖啡難民

好久沒有一個人了，找間漂亮的咖啡店坐坐吧——
啦啦啦
CLOSE
Cafe
現在……
啊～好可惜
客滿……
Cafe
啊～～好累喔～～
這段時間我到底在幹嘛啊，雖說買了東西，但回到家真是太好了……
因為太累更加頹靡不振

咖啡店是日常生活中的綠洲。雖然也可以在家裡喝茶或喝咖啡，但在家就會覺得有該做的事要做，或是容易無所事事地閒蕩。能夠忘卻家裡的事、有適度他人視線的咖啡店，因此成了最棒的療癒場所。

家裡的事做到一個段落後，到晚餐之前還有一點時間，是買菜之餘的咖啡時光。但我喜愛的咖啡店對其他人來說也是舒適的場所，因此常常客滿。

有趣的是，空著的座位常常不是舒服的座椅，多半是硬梆梆的座椅。

思考著該坐硬梆梆的座位嗎？還是到其他家店看有沒有舒服的座位呢？結果到了下一家店，還是一樣沒有舒服的座位……

沒有人想讓出舒服的座位哪……

所需時間

45分

心煩指數

75%

建議

在家裡沖泡美味的咖啡喝，既省時又省錢。（37歲・女性）

44

寫好的購物清單忘了帶，只好邊回想邊購物

命名

記住備忘錄

明明記下了購物清單，卻忘記帶出來。這種時候只好一邊回想一邊購物。

「因為我想做咖哩，所以一定需要洋蔥和紅蘿蔔。家裡已經有馬鈴薯了，不用買。」

雖然花了比平常長的時間，卻意外發現自己居然記得耶。這種現象近似學生時期做作弊小抄一樣，在寫下來的時候，不知不覺間就記住了。

於是，購物完畢回到家後，開始對答案。

洋蔥，有；紅蘿蔔也有；我以為家裡有馬鈴薯，結果沒有。能代替馬鈴薯的東西……放竹輪進去應該可以吧！

所需時間

15分

心煩指數

60%

建議

清單一定會忘記帶，所以要用手機拍下來。

（45歲・女性）

45

購物時想到「醬汁應該用完了」，
買好後回家一看，
發現冰箱裡滿滿一整瓶的醬汁

命名

重複購買狂

你是不是也有過看到貨架上的商品，突然想起「對了，應該要買那個了」的經驗。那個瞬間總覺得寫購物清單時漏掉了，自己想起來真是太好了，為此欣慰不已。

總覺得像是醬汁、番茄醬、美乃滋、和風醬等許多調味料，如果突然用完了會覺得很困擾。

於是，回到家後打開冰箱的瞬間，發現完全一樣的商品，而且才剛剛打開來用！狀態近乎全新！

「真是夠了……」我邊這樣想邊打開儲物櫃，居然還有！不只是重複買第二次了，而是第三次……

因此我下定決心。

下次只買購物清單上的東西，而且一定不會忘記帶清單！

所需時間
45秒

心煩指數
35%

建議
空間時將冰箱裡的東西記錄下來，之後要用很方便。（36歲・女性）

46

拚命回想雞腿和雞胸哪一種比較軟

命名

部位徬徨

對料理新手來說，常常搞不清楚「雞腿肉」和「雞胸肉」的差別。

雞腿肉較軟且多汁，雞胸肉則是較健康且清爽。只要仔細想一下就知道了，但在雞肉冷藏區前急著挑選時，往往腦中一片空白，不知所措。

一旦開始煩惱，想愈多就愈想不出答案。「雞腿的話，因為腳一直在動來動去的，應該比較結實，所以較健康」、「感覺雞胸肉比較軟」。最後只能拿出手機，上網查。

如果你在雞肉冷藏區前看到有人在滑手機，就算那個人相當礙手礙腳，也請原諒他！因為他正在努力地學習做菜！

所需時間
8秒

心煩指數
10%

建議
我曾經煩惱哪種牛豬混合的絞肉比較好，其實習慣就好了！（37歲・女性）

47

在超市購物時，為了不讓小孩注意到會想要的卡通人物商品，努力轉移小孩的注意力

命名

大聲呼喊

超市和購物中心充滿了小孩會想要的東西，首先是印有卡通人物圖案的物品，再來是零食賣場和玩具賣場，堪稱是最危險的區域，不過，整間超市就是一個大陷阱。

印有麵包超人的咖哩，印有藍色機器貓的ＯＫ繃，印有拉拉熊的麵包。

當我看到這些商品的瞬間，立刻以誇張的動作分散小孩的注意力。

「這塊肉好大」、「蛋有好多不同顏色」、「你去和那個假人模特兒牽一下手看看」。

我不斷地努力不讓小孩看到卡通人物商品的貨架，快步經過。

不行，立刻又掉入另一個陷阱中了。

所需時間
4分

心煩指數
35%

建議
扭蛋區真的很危險，即使轉了，小孩也很快就膩了。
（32歲・女性）

48

判斷哪一個結帳櫃檯會較快排到也是家事

命名

選擇結帳櫃檯

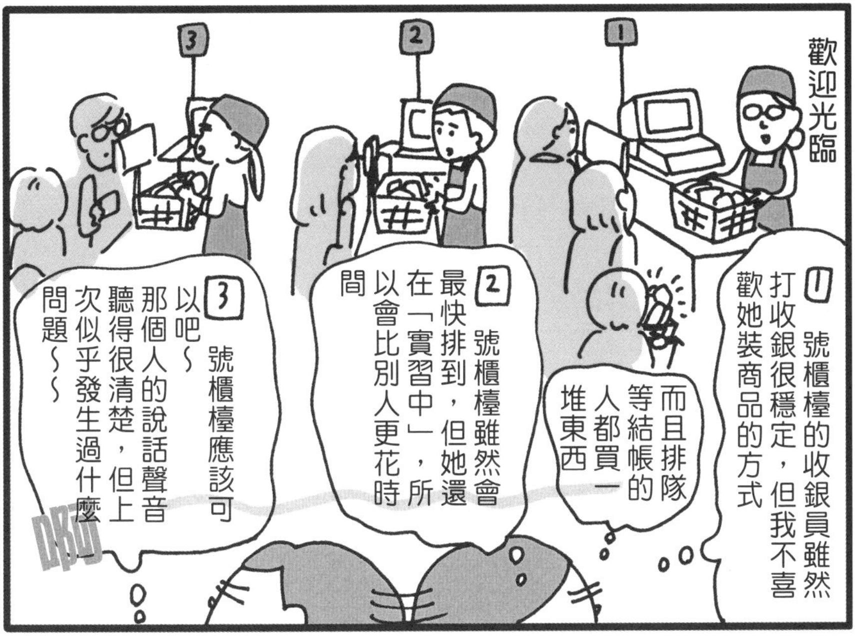
歡迎光臨
1號櫃檯的收銀員雖然打收銀很穩定，但我不喜歡她裝商品的方式
而且排隊等結帳的人都買一堆東西
2號櫃檯雖然會最快排到，但她還在「實習中」，所以會比別人更花時間
3號櫃檯應該可以吧～那個人的說話聲音聽得很清楚，但上次似乎發生過什麼問題～～
啊

傍晚的超市結帳櫃檯總是人多混雜，因此判斷「哪個結帳櫃檯比較快可以輪到我」成了很重要的事。

判斷的重點分為三點。

第一是收銀員打收銀機的熟練度。記得商品條碼在商品何處屬於專業技能，大大影響了處理速度。

第二是排隊結帳的人購物籃中的商品。是不是買了很多東西，還是只買了今天的晚餐食材。如果只以排隊人數來決定，有時會是一大敗筆，這一點要特別留意。

最後，不是排了幾「個」人，而是要正確判斷排了幾「組」人。有的是一家人一起排隊，因此即使看起來排隊隊伍很長，其實真正要結帳的人並不多，很快就能輪到自己結帳了。

隊伍順利前進時，感覺最暢快了。

所需時間
10秒

心煩指數
25%

建議
兩個人在同一個結帳櫃檯，處理速度會加倍。
（37歲・女性）

49

在超市時希望家人建議晚餐菜單，
遲遲等不到回覆，
已經在排隊等結帳了
卻突然收到天外飛來一筆的點菜，
只好勉為其難走回賣場

命名

結帳排兩次

在超市購物時，傳訊息問家人「今晚想吃什麼？」邊等待回覆，邊以「你想吃什麼我都煮給你吃」的心情逛著超市，但遲遲未收到回覆。

穿過了青菜區，走到生鮮食品區，然後走到零食區、熟食區，還是沒收到回覆。

我有點生氣地想「幹嘛不回」，於是自己決定了菜單，然後排隊等結帳。就在下個輪到我結帳的瞬間，智慧手機震動了一下。

也太晚回覆了，而且是超乎預期的要求。但因為是我自己先問對方的，因此不敢無視他的回應。無奈之餘只好重回賣場，並覺悟到等下排隊結帳時會遇到傍晚時分的排隊人潮，得排更久……。

所需時間

20分

心煩指數

75%

建議

結帳櫃檯人多時，就假裝沒看到回覆。（37歲・女性）

50

一直打不開塑膠袋的開口，
下意識地用舌頭舔了一下手指，
連自己也驚愕不已

命名

自我滋潤

手指頭太乾燥的話就沒辦法打開塑膠袋，這種時候我會下意識地用舌頭舔一下手指，以此增加溼潤度，就能順利打開塑膠袋的袋口。

其中最難對付的就是裝魚、肉、青菜等生鮮食品的捲筒狀聚乙烯塑膠袋。

這種捲筒狀塑膠袋受到廣泛的使用，可說是人類共通的財產。由於不舔一下手指就沒辦法打開塑膠袋，所以放塑膠袋的櫃檯上會有一條溼布，手沾一下，就可以增加手指的溼度。

孩提時期我會用舌頭舔一下手指，或許是因為不知道有那種溼布可以用，現在明明我已經是成熟的大人了，卻還是這麼做……

所需時間

3 秒

心煩指數

15 %

建議

手指頭乾燥地努力做家事！這絕對不是年齡的緣故。（36歲・女性）

51

在收銀檯結帳時一直找不到的集點卡，結完帳就突然出現在皮夾裡了。

覺得很遺憾

命名

出其不意

最近無論去什麼店，店員都會這樣詢問。

我常邊回答「有」，邊在錢包裡翻找，而且往往怎麼樣都找不到，我明明有集點卡的……

愈急著找就愈找不到，還能感受到周遭的視線！收銀員當然正看著我，排在後面的人，有的人會大大嘆口氣，有的人甚至會咋舌……不需要這樣子吧～～。

最後我不敵那種壓力，拿出近似的集點卡，或是苦笑著說：「我明明有的。」然後直接結帳了事。

等到結完帳，卸除掉緊張情緒之後，再找一次錢包，集點卡出其不意地出現了，但已經無法挽回了啊。

所需時間

10分

心煩指數

60%

建議

有錢人是不用集點卡的，從找集點卡的壓力中解放，無價。

（30歲・女性）

52

小孩無理取鬧時，丟下一句「我先走了」之後，在轉角處等待

命名

等不到人

剛才明明很開心的小孩突然無理取鬧起來，蹲下，或在地上打滾，對父母來說這是最麻煩的狀況。

一開始還溫柔勸說：「怎麼了」、「要不要牽手」、「好了，走吧」等，小孩的情緒不但沒有和緩，反而愈演愈烈。

這種時候只好使出殺手鐧，以「我先走了」做為攻勢，對小孩說「我要先走了」，心一狠就走開了。即使很在意，還是不回頭。

走到轉角處，開始和小孩比耐性。

豎耳傾聽的父母和「反正爸媽一定會回來」而頑強地一動也不動的小孩，最後父母多半輸給周遭的目光，只好回頭去找小孩～～

所需時間

5分

心煩指數

70%

建議

偷看時只要四目相接就立刻躲起來，然後不斷重複。（36歲・女性）

夜晚

回家，吃晚餐，洗澡，為了明天做準備，上床睡覺。

但現實生活不只這樣而已。

一天結束前，還有許多做不完的無名家事。

即使想早點做完，也做不完！

拜託，我想早點睡覺……！

53

自己指定的再次配送時間快到了，匆匆忙忙地趕回家

命名

再配送門禁

因為網購而被綁住，也增加了家事量，因為得等待再配送時間。

第一次物品送達時間無法指定，常因此無法收到，只能再約定一次送貨時間。

再配送不一樣。因為是自己指定的時間，如果沒收到就是自己的錯，那就太對不起送貨人員了。

因此必須在買東西中、工作中、接送小孩中，全力趕回家。彷彿在趕門禁般~~。

一般來說，再配送的指定時間為兩小時的區間，如果是下午六點至八點，或許六點會來，也有可能在快到八點時送達。

拜託，可以的話請晚點到！

所需時間
15分

心煩指數
60%

建議
正好在到家時遇到送貨員，會有心動的感覺。（28歲・女性）

54

把蔬菜切成圓片時，切下來的小塊滾落到水槽裡，撿起後用水沖一沖

命名

救出脫隊者

剁剁剁剁剁剁……

聽到這種令人舒暢的切菜聲，就知道是晚餐時分。不過我自己做菜後才知道，要發出這種看似理所當然的聲音有多麼不容易。

沒錯，食材會黏在菜刀上，或是咕嚕咕嚕地滾落到水槽中，然後就打亂了切菜的節奏。切小黃瓜和紅蘿蔔時，肯定會遇到這種情況。

不是繼續切菜，等到切完後再撿起掉落的食材，不然就是立刻撿起，沖過水之後繼續切。就算現在撿起來了，等一下肯定還會有食材滾落，最後再一起撿應該是比較好，可是看到它一直在水槽裡又在意得不得了。

因為分了心，切菜的動作更亂，災情更加慘重。

然後所有食材都滾下去了！

所需時間

30秒

心煩指數

45%

建議

將食指放在菜刀背上，切菜會更穩定。（40歲・男性）

55

微波爐的自動加熱功能不可靠，讓人陷入混亂

命名

不可靠的自動功能

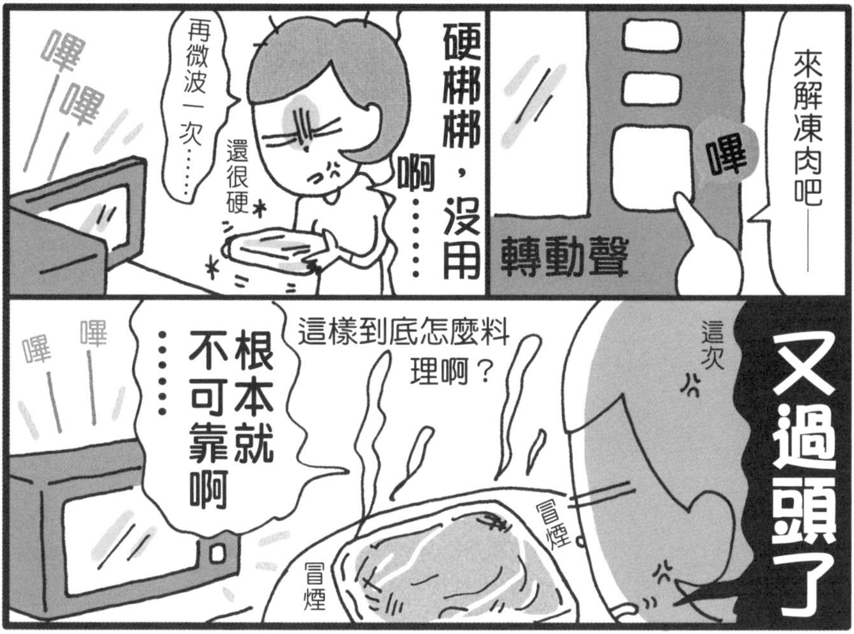

微波爐的「自動加熱」功能為什麼如此不可靠呢。

在杯子裡裝入牛奶並拿去加熱，沸騰時牛奶就會噴灑出來；想解凍冷凍白飯，第一次加熱沒辦法完全解凍，再加熱一次的話，溫度又會高到無法拿起盛裝白飯的容器。而且還要花時間和心力釐清與判斷碗盤與容器能不能放進微波爐裡加熱。

還有，常常得擦拭微波爐內裡、查看微波的情況、等待加熱後的食物冷卻，反倒增加更多手續。

微波爐根本一點都不「自動」嘛。

雖然看說明書就好了，但因為功能太多，要記住同樣很麻煩。再加上我也不知道說明書放到哪裡去了，所以只能繼續按下不可靠的「自動加熱」按鍵。

所需時間
3分

心煩指數
60%

建議
要解凍肉品的話，前一天放在冷藏室裡才是正確做法。（37歲・女性）

用有點髒的抹布擦桌子時，
腦中浮現電視廣告中細菌的ＣＧ影像，
耿耿於懷，
只好重做一次

命名

細菌幻覺

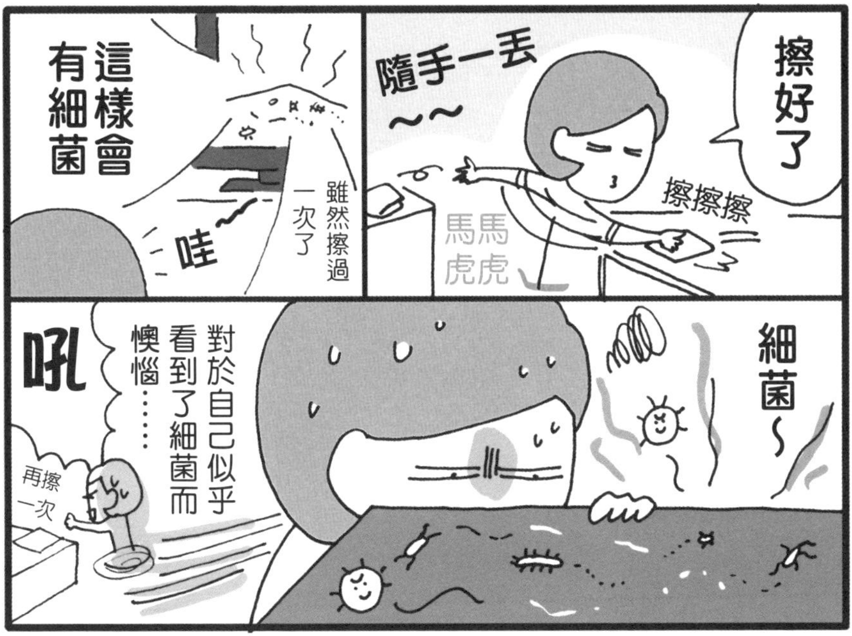

用餐前和用餐後都必須擦桌子。這是許多家庭都會做、極具代表性的家事。

這種時候，本來看不見的東西都看得見了。會出現電視廣告中「用髒抹布擦桌子的話，細菌會增生」的細菌CG影像，而且還是綠色、黃色等鮮豔的顏色……這幾乎可說是幻覺了。

沒有清洗乾淨的微髒抹布會滋生細菌，拿來擦拭的話細菌就會擴散。過沒多久之後，細菌的模樣就會浮現在我眼前。於是我把抹布清洗乾淨，再擦一次桌子。

如果那種影像在世界存在的話，只能說是幻覺了……

所需時間

2分

心煩指數

40%

建議

家裡本來就有細菌，最好的方法就是不要在意。（40歲・女性）

57

回訊息時只回「我知道了」，略微不滿地覺得「為什麼語尾不能加個『哦』」

命名

語尾不足

啊～沒牛奶了。
對了
拜託老公買回來
不好意思，請你買牛奶
傳來
丈夫
知道了
夫
哼～這是什麼態度？
「知道了」？
回得這麼隨便，他是不是嫌麻煩，為什麼不加個「哦」，或是加個「！」，不然就是「♥」，就算都沒有，至少希望你多用點心，加個貼圖也好啊。

現在大家和家人聯絡幾乎都是用簡訊或LINE，除非有特殊狀況才會打電話。簡訊能簡單傳達事情，非常方便。但從文字很難感受到情感，所以容易引發誤解。

最常見的狀況就是語尾不足的問題。「幫我買牛奶」。「知道了」。不用心的回覆讓人不滿，即使知道對方回「知道了」並沒有「覺得麻煩」的意思，但心裡還是覺得不是滋味。

「知道了哦」、「知道了！」、「知道了☆」、「知道了☺」。只要在最後再加一個字，感覺就完全不同，訊息的最後一個字決定了整體的印象，希望雙方彼此都多點用心。

所需時間

2 秒

心煩指數

35 %

建議

我家的情況正好相反，語尾都會多加文字或符號。

（34歲・女性）

58

晚餐桌上只有超市買來的現成熟食，
覺得很過意不去就做了一道菜，
結果只有那一道剩下來，
只好無奈地自己吃完

命名

無視現做的菜餚

為了家人健康，我多做一道菜
現做的菜餚
我吃飽了
呼～吃飽了吃飽了
那這個呢……
我已經吃不下了。
特地為丈夫做的菜——他只吃完了我從超市買回來的便菜，我親手做的菜卻沒吃完，感覺真的不太好啊～～
嗯——確實不怎麼好吃……
哈哈
高野豆腐

對忙碌的人來說，超市賣的現成熟食真的很方便。工作結束後回家，或和家人外出後回家，無法煮飯時，能夠立刻買到現成的菜餚來吃，堪稱救世主。

可是只買便菜當晚餐，總覺得過意不去。考量到家人的健康，便多煮了味噌湯，以此展現「雖然我買現成熟食，但我還是有煮菜」。

結果用餐時，家人只吃現成的熟食……大口吃可樂餅、炸肉餅、炸雞……奇怪，怎麼沒人要喝味噌湯？你們都沒看到嗎？……

於是自己先喝起味噌湯，並大聲地說：「果然有味噌湯更好吃呢！」

所需時間
40分

心煩指數
50%

建議

便菜的口味重，並不是現做菜餚失敗。

（30歲・女性）

59

洗碗洗到一半時，洗了裝過納豆的碗，只好將清潔海棉先洗乾淨，再倒一次清潔劑繼續洗

命名

黏乎乎的攻擊

洗碗最重要的是順序。

油膩膩的碗盤會讓清潔海棉變油膩，也不容易起泡，而且總覺得其他碗盤也會油油的，感覺很差。平底鍋和盛裝油膩菜餚的碗盤最後才洗，這是定律。

另外還得注意裝過納豆的碗盤。如果洗碗洗到一半時，洗到裝過納豆的碗盤，清潔海棉就會沾到納豆的黏液，變得很噁心。

我明明知道哪一個碗盤裝過納豆，打算放到最後才洗，盲點卻是在白飯中加入納豆的碗。不同的吃法造成的黏乎乎程度也不同，這一點要特別留意。

納豆很好吃，也有益健康，價格又便宜，是不可多得的食物。但只有一個缺點，就是讓碗盤很難清洗。

所需時間

15 秒

心煩指數

40 %

建議

其實納豆的黏液有助於去除碗盤的汙垢。

（48歲・女性）

60

去除黏在碗上的乾飯粒時，
飯粒卻刺進指縫，
忍著痛繼續洗碗盤

命名

飯粒攻擊

沒時間洗碗，只好先放著。等到要洗時，黏在碗盤上的食物殘渣就變得硬梆梆了。

即使後悔「應該先泡水才對」，仍然為時已晚。汙垢不易清洗，即使只是普通難洗的碗盤都會變得更難清洗。

但是，問題不只是這樣，變硬的食物殘渣不易去除，硬到連用指甲去摳都弄不下來，尤其飯粒更難對付，從硬梆梆進化成恐怖的尖刺，還會刺進指甲縫裡，已經是凶器等級了。

為了避免出現這種情況，只能請家人徹底執行一顆飯粒都不能剩地吃乾淨！

所需時間
15秒

心煩指數
30%

建議
碗盤泡水很重要，再用筷子逆向摳就能輕鬆去除。
（48歲・女性）

61

基於環保，
將家人喝完的保特瓶洗好、壓扁，
瓶中剩下的液體卻滴在地上，
不甘願地擦拭地板

命名

壓扁環保

保特瓶很方便，但會增加垃圾量，是很麻煩的家事。

將保特瓶的蓋子和標籤拿掉，稍微清洗一下，然後壓扁，放入垃圾袋。如果是全家人都喝的分量，處理下來相當花時間。

最常發生的狀況是，在清洗或壓扁保特瓶的瞬間，從瓶口流出沒喝完的飲料，滴落在地板上。而且之後會變得黏黏的，尤其是含糖飲料。

雖然可以視若無睹，但如果拖鞋踩到了，災情將更慘重，屬於顯而易見的慘況。乾了以後還會留下汙漬，讓人更在意。立刻擦乾淨才是上策。

吼，可以喝乾淨點嗎？

再不然，自己喝過的保特瓶自己處理好……

所需時間

3分

心煩指數

25%

建議

用小孩不要的內衣褲和衣服當抹布，擦完後直接丟掉。（36歲・女性）

62

丟棄裝廚餘的濾網時，
為了不讓水滴落而快速丟入垃圾桶，
卻因用力過猛反倒讓水滴到地上，
只好擦地板

命名

廚餘的執著

一天結束前的家事就是清理廚餘，丟棄裝在濾網裡的廚餘可說是晚上的工作之一。

其中的問題是，無論把水濾得多乾，在拿起濾網丟進垃圾桶的過程中，一定會滴下幾滴水漬。隔天早上從廚餘裡滴出來的水滴還會散發出濃濃的臭味……

我拿起廚餘濾網上下甩動，確實甩乾水分，確認垃圾桶的位置後，不讓水滴下來地快速移動。

結果，因為移動速度過猛，反倒讓水滴了下來。但如果為了避免這種情況而緩慢地移動，過程之中，水同樣會滴下來。

總而言之，無論怎麼做，水都會滴下來！

所需時間

30秒

心煩指數

60%

建議

先將濾網放入塑膠袋，再丟進垃圾桶。

（36歲・女性）

63

水槽濾網的尺寸微妙地略小了些，
小心翼翼地硬將它拉大以符合開口尺寸

命名

期待伸縮力

清掉濾水籃裡的廚餘後，得裝入新濾網，這時又會發生麻煩事。

之前我買的濾網尺寸微妙地略小了一點，只好硬將它拉大，裝進濾水籃中。

如果去超市或藥妝店買濾網，就會發現有圓形、三角形等不同形狀的，而且還有大、普通、小的不同尺寸可供選擇。

但我家裡的濾水籃是三角形的，我根本不知道該買大、普通、小的哪一種濾網。

所以我就買了價錢相同，但數量較多的小尺寸濾網。

濾網的尺寸難道不能全國統一一下嗎？

所需時間

10秒

心煩指數

20%

建議

就算價錢貴一點，也要買大一點的尺寸才好。

（37歲・女性）

64

買了便宜的垃圾袋，
要把垃圾拿出去丟時，
垃圾袋薄得幾乎快破了，
只能再套一個

命名

套兩層垃圾袋

特賣日時特價出清的垃圾袋對家庭開支大有幫助，但是太薄的垃圾袋很容易破，這一點要特別注意。

零食盒的邊角、厚紙的邊角、放生鮮食物的塑膠容器邊角、枯萎的花莖和衣架等，這些在一般家庭中常常出現的垃圾，其較硬的部分一不小心就會戳破薄一點的垃圾袋。根本沒發揮垃圾袋原本該有的功能……

如果覺得垃圾袋只破了一點就不管它，直接拿出去丟的話，往往會發生慘劇。垃圾的重量會讓破洞變得更大，然後一路上與公寓走廊都會掉落許多垃圾。

無奈之餘，只好拿一個新的垃圾袋再套一層，才拿出去丟。

結果反而花了更多錢。

所需時間

2分

心煩指數

55%

建議

垃圾袋如果破了，用膠帶黏起來比較環保。（42歲・女性）

65

把垃圾袋綁死之後又有垃圾要丟，
邊後悔幹嘛綁死
邊想辦法打開垃圾袋

命名

開闔地獄

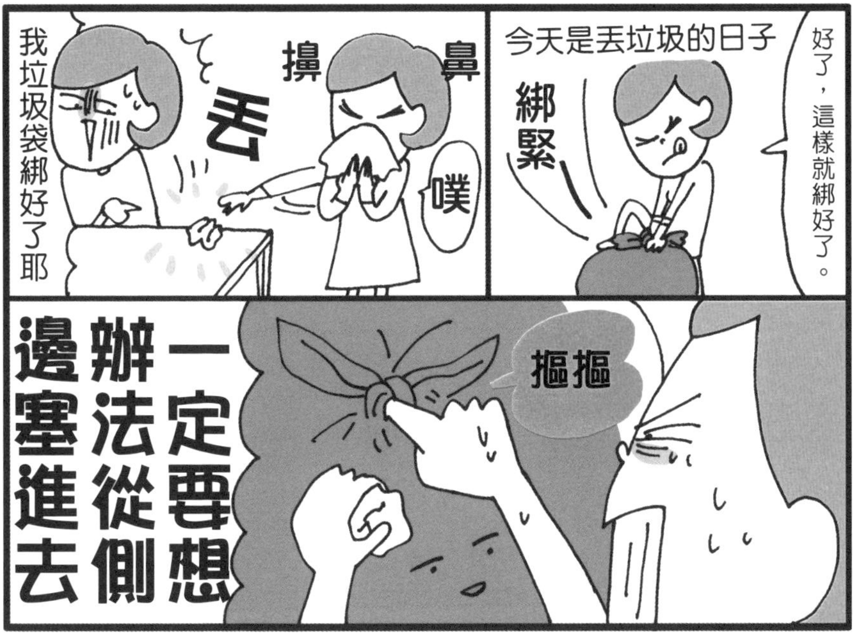

「垃圾也收好了，等一下就可以睡覺了……」

雖然這麼想，卻無法去睡。

餐後喝的茶包、完成裝瓶的補充包空袋、從壓扁的保特瓶裡拆下來的塑膠標籤，明明已經確認過垃圾全都收好了，還是會有垃圾出現。

然後就很懊惱。

「幹嘛要把垃圾袋綁那麼緊……」

先試看看能不能從垃圾袋綁緊的死結側邊塞進去，但因為綁得太緊了，根本沒有縫隙。只好死心，知道「不可能從這邊塞進去了」，想打開垃圾袋的結。但是綁起來很簡單，要打開就很麻煩。

然後我發誓。

垃圾袋絕對不能綁太緊！

所需時間

3 分

心煩指數

75 %

建議

在綁好垃圾袋前拿出垃圾是基本。

（42歲・女性）

66

家人幫忙做家事時，
總是覺得他做得不夠仔細，
雖然一直猶豫是否該說出口，
終究怕說了會破壞他想幫忙的興致而作罷

命名

無法感謝

家人幫忙收垃圾，卻沒把後來丟出的垃圾放入垃圾袋；家人幫忙刷浴室，卻把刷子亂丟在地上；家人幫忙在浴缸裡放熱水，卻沒把塞子塞住；家人幫忙收晾乾的衣服，衣架卻沒收還亂丟；家人幫忙摺洗好的衣服，卻放錯地方。

以上這些都是家人幫忙做家事時常發生的情況，就是有「要再多花一道手續，才做完」的問題。

於是，我有一個疑問。

明明再多做一點就很完美了，為什麼不願意呢？只做到那樣不會覺得感覺不好嗎？為什麼要做得不上不下，不覺得沒完成嗎？

隨著疑問增加，我也愈來愈煩躁，於是說不出感謝的話，然後就說出指責對方的話了。

雖然我並非不感謝他……

所需時間

45秒

心煩指數

80%

建議

別忘了先感謝對方。（37歲・女性）

67

吵架時躲到廚房裡，不知不覺開始擦起瓦斯爐

命名

繭居廚房

無論感情再怎麼好的夫妻也有吵架的時候。如果吵架之後能立刻和好的話，當然很好，但往往很難。雖然心想「一點都不想看到對方」，卻也無處可去。

於是只能去可說是「自己地盤」的廚房。沒錯，就是窩在廚房裡。

一開始是大大嘆氣，或是喝茶，吃著會發出卡滋卡滋聲音的零食，又或是像唸經般碎碎唸抱怨對方，但慢慢地就無事可做了。

結果不知不覺中，我開始擦洗流理檯和瓦斯爐，連爐架都拿起來，用力地刷洗油汙。

然後回過神來。

咦，廚房變乾淨了……

所需時間
15分

心煩指數
65%

建議
廚房裡有食物，很適合長期抗戰。
（45歲・女性）

68

鋪床單時，
邊跪坐在床墊上
邊拉起床墊包好最後一角

命名

跪坐跳躍

換床單可說是相當棘手的家事之一。

床單很大，一次無法洗很多件。想換洗一家人的床單，得分好幾次洗，晾晒也很麻煩。整個攤開來才晾得乾，卻很難做到。

最後的工作則是裝床單。裝床單的三邊比較簡單，剩下最後一邊時最麻煩。床單呈現拉緊的狀態，怎樣都不順利。

而且通常得跪坐在床墊上來弄，床墊的重量再加上自己的重量，根本無法將床單往下拉。

於是在床墊上跳躍，並在跳起的瞬間將最後一角塞進去……

三、二、一，呦咻！

所需時間

10 秒

心煩指數

50 %

建議

從最內側開始包，外側的就容易多了。（48歲・女性）

69

應該睡成「川」字的，
小孩睡相太差，
不知不覺間睡成了「工」，
將其調整回「川」

命名

轉直角

會打擾好眠的不只有打鼾聲，立刻會被吵醒的是小孩的無影腳。原本應該睡成「川」字的，卻在不知不覺間睡成了「工」，如果不把小孩轉正的話，我的肚子就會被踢。

雖然維持「工」字的睡姿也可以，但側腹肯定會被踢，因此得調整回「川」字才行。將小孩抱起，或直接用轉動的，同時小心不吵醒小孩，非常麻煩，動作得放輕、冷靜、謹慎……

小孩毫無防備時重量相當重，又得小心不要弄痛小孩的腰，於是以腳尖為中心，像畫圓般慢慢旋轉，這方法最有效。

沒多久後，我又醒來了，發現原本睡「川」字的小孩睡相變成了頭上腳下……

拜託，不要踢我的頭！

所需時間 30秒

心煩指數 60%

建議

移動的話可能會吵醒小孩，所以改變自己睡覺的位置。（32歲・女性）

70

持續做家事，不知不覺間一天就結束了

命名

家事無限迴圈

← to be continued tomorrow

持續做家事，一天一下子就結束了。

那種時間過得快的感覺不是「啊！怎麼這個時候了」，而是「奇怪？怎麼這個時候了」。

「咦？一天已經結束了？開玩笑的吧……」

「咦？今天一整天我都沒出門？想做的事都還沒做啊。」

甚至懷疑一天真的就這樣結束了。

我覺得做家事可以偷工減料，有時裝作沒看到也很重要。

不過，做事認真的人會一一面對家事，陷入家事無限迴圈，然後就如前面所述「奇怪？怎麼這個時候了」。

然後，覺得一年一下子就過完了！

所需時間

24 小時

心煩指數

99 %

建議

放鬆一下，不要追求完美，除此之外沒別的答案。（47歲・女性）

此則推特是這本書誕生的契機

梅田悟司
@3104_umeda

休四個月育嬰假，我所感受到的事

・男人除了哺乳之外什麼都做得到

・缺乏帶小孩的經驗

・兩個人一起養育小孩剛剛好

・無名的家事多得不得了

・養育小孩時，只要犯一點小錯就可能致死

・二十四小時一直處於緊張狀態

・能對話的成人是救生索

・職場還比較讓人心情平靜

・工作比較輕鬆

・工作比較輕鬆

・工作比較輕鬆

15：15 - 2019/04/11 Twitter Web Client

5.5 萬個轉推　**13.2 萬**個讚

催生這本書的契機是只有一百二十九個字的推特。
這則短文得到許多人的共鳴。

「說得太好了！」
「真的是如此？」
「忍不住一直點頭，點到頭快掉了。」

因此，我感受到了。
家事和育兒的辛苦筆墨難以形容，而且還有種讓人無法說出口的氣氛。

所以我決定。
我要「替無名家事取名字」，讓那些怎麼做也做不完的家事變得擁有能見度，讓大家知道其辛苦、值得敬佩，以及美好。
大家一定要一起加入這個行列。
請替你身邊的無名家事取名字，並唸出來看看。
光是這樣，有人就會因此感到輕鬆些。

#無名家事崩潰日常

後記

家事無限多。

所以不需要做到完美。

做得不夠好也沒關係！

謝謝大家讀到最後。

在書中，我介紹了我邊做家事邊發掘出來的無名家事中，獲得許多共鳴的七十件家事。正因為如此，只要你想找，一定能找到不計其數的無名家事。

忙碌的每一天中，能用來做家事的時間有限，而在有限的時間中，無法將不計其數的家事做到完美……而且就算是再怎麼熟悉做家事的人，也不可能有效率地做好。

因此，最重要的是深刻體悟「做到完美是不可能的」。認真的人容易追求完美，往往逼得自己走投無路，漸漸地變成討厭做家事。所以得改變想法：「正因如此，不完美也沒關係。」這樣子就會輕鬆許多，也會有心情稱讚自己「能做到這樣已經很棒了」，會想「既然這樣，非得要家人幫忙才行」，然後重拾正向積極的想法，才能正向積極地過日子。

本書雖然微不足道，但若能因此讓大家得到改變，我會很開心。

最後，我先自首，我家的家事做得離完美還很遙遠。

寫這本書時得到了許多人的協助，我非常感謝。

「無名家事」這個辭彙是大和HOUSE工業股份有限公司和NPO法人tadaima!所提倡的概念。本書「替無名家事命名」的概念是因為這兩社提出了如此棒的提議才誕生的。

和我齊心協力完成本書的Sunmark出版社編輯淡路勇介給了我許多幫助。年輕編輯跨越重重困難的模樣和年輕的我有許多共同點，自然讓我有了共患難伙伴的感覺。

支持我和淡路先生的插畫家Yamasaki Minori、出版社的女性伙伴們、回答事前問卷的每個人，在我們沒留意到的觀點上給予了很多建議。如果沒有大家的建議，就會變成一本只是自說自話的書了，真的很感謝大家。

最後，我與妻子、黑貓和兒子家族所有成員共度的每一天，讓我明白家庭的重要，以及守護家庭的美好和困難。我個性頑固，也不是在各方面都能上手的類型，往後我要尋找自己能做的事，也提醒自己不要忘記全心全意面對一切的精神。雖然偶有爭執，但我想享受和樂、大家彼此互助與不完美的人生。

確認清單

以下我將七十個無名家事依據地點和類別來分類。

☑「廚房」的無名家事
☑「購物」的無名家事
☑「打掃、整理」的無名家事
☑「洗衣」的無名家事
☑「替換」的無名家事
☑「溝通」的無名家事
☑「尋找」的無名家事
☑「重視小孩」的無名家事
☑「其他」的無名家事

確認一下自己做了哪幾項，然後好好稱讚自己！

如果有其他家人，將做了那些無名家事的家人名字寫在清單確認欄裡，就會變成大家分攤家事的工作表了！

●「廚房」的無名家事

No	項目	命名	頁數	確認
01	確認昨晚洗好放在瀝水籃裡的碗盤是否乾了，並放回原位	定位	P.30	
02	將保鮮盒的容器與蓋子正確組合起來	保鮮盒神經衰弱	P.32	
03	清洗直筒狀容器時，清潔海棉推到太裡面，怎麼伸長手指頭都搆不著，最後只好用筷子夾出來	清潔海棉的單獨旅行	P.34	
04	容器的蓋子關太緊時，忍不住邊在內心大喊「可以不要關那麼緊嗎」，邊想辦法打開它	牢騷的吶喊	P.36	
07	聞擦手巾來判斷是否需要清洗	嗅覺的覺醒	P.42	
24	在家庭菜園裡反覆培育超市買的豆苗，挑戰極限	廚房二毛作	P.78	
25	食物的保存期限過期了好幾天，自己試吃看看，確認是否還能食用	自我人體實驗	P.80	
26	打開冰箱確認裡面的存糧，警告聲卻響了起來，只好關上門後再次重新打開	冷酷的警報聲	P.82	

27	一個人吃午餐時，想到端出去吃會弄髒桌子就覺得麻煩，在陰暗的廚房吃完就算了事	廚房午餐	P.84	
41	非常嚮往超級主婦的生活，自覺完全比不上而為此心神不寧。總之決定晚餐先增加一道菜再說	動搖的主婦心	P.114	
54	把蔬菜切成圓片時，切下來的小塊滾落到水槽裡，撿起後用水沖一沖	救出脫隊者	P.142	
55	微波爐的自動加熱功能不可靠，讓人陷入混亂	不可靠的自動功能	P.144	
59	洗碗洗到一半時，洗了裝過納豆的碗，只好將清潔海棉先洗乾淨，再倒一次清潔劑繼續洗	黏乎乎的攻擊	P.152	
60	去除黏在碗上的乾飯粒時，飯粒卻刺進指縫，忍著痛繼續洗碗盤	飯粒攻擊	P.154	
61	基於環保，將家人喝完的保特瓶洗好、壓扁，瓶中剩下的液體卻滴在地上，不甘願地擦拭地板	壓扁環保	P.156	
63	水槽濾網的尺寸微妙地略小了些，小心翼翼地硬將它拉大以符合開口尺寸	期待伸縮力	P.160	

●「購物」的無名家事

18	騎電動腳踏車時突然發現電池剩不到十%，用節能模式應該能撐到目的地，邊祈禱邊猛踩踏板	個位數倒數計時	P.64
44	寫好的購物清單忘了帶，只好邊回想邊購物	記住備忘錄	P.120
45	購物時想到「醬汁應該用完了」，買好後回家一看，發現冰箱裡滿滿一整瓶的醬汁	重複購買狂	P.122
46	拚命回想雞腿和雞胸哪一種比較軟	部位徬徨	P.124
47	在超市購物時，為了不讓小孩注意到會想要的卡通人物商品，努力轉移小孩的注意力	大聲呼喊	P.126
48	判斷哪一個結帳櫃檯會較快排到也是家事	選擇結帳櫃檯	P.128
49	在超市時希望家人建議晚餐菜單，遲遲等不到回覆，已經在排隊等結帳了卻突然收到天外飛來一筆的點菜，只好勉為其難走回賣場	結帳排兩次	P.130
50	一直打不開塑膠袋的開口，下意識地用舌頭舔了一下手指，連自己也驚愕不已	自我滋潤	P.132

●「打掃、整理」的無名家事

09	小孩在興奮狀態下將衛生紙拉出一長串，認分地將它捲回去	捲衛生紙	P.46
14	開啟掃地機器人之前，得先把放在地上的東西全部移到桌上或高處	開道	P.56
16	閃過了昨天放在玄關的紙箱，腳趾頭卻踢到另一樣東西而疼痛不已	障礙物玄關	P.60
23	清理絕不是自己弄的馬桶尿漬	擦掉他人的尿漬	P.76
29	一旦過了十月，無論看到哪裡髒亂都會想著「等大掃除再說」，試圖延後問題	大掃除再說	P.88
33	看著拖鞋鞋底邊心想「怎麼這麼髒」邊默默放回原位	底部的世界	P.96
37	因為水流不順而檢查了排水口，竟超乎想像的髒，用強勢水流沖過後默默蓋上	只沖掉黏液	P.106
56	用有點髒的抹布擦桌子時，腦中浮現電視廣告中細菌的ＣＧ影像，耿耿於懷，只好重做一次	細菌幻覺	P.146

●「打掃、整理」的無名家事

30	大掃除擦窗戶時，雖然心想「每天做的話是很好的運動」，但完全不會執行	窗戶伸展運動	P.90
34	下定決心要來丟東西卻陷入回憶中，最後什麼也沒丟，白白浪費時間	回憶恐攻	P.98
38	將吸塵器裡的垃圾倒入垃圾桶的瞬間揚起了細小的灰塵，只好再用吸塵器打掃一次	灰塵之舞	P.108
39	明明打掃得很乾淨才對，不知為何有捲毛散落，只得重新掃幾次	陰毛的陰謀	P.110
40	坐在沙發上聽著洗衣機「洗滌完成」的樂聲	從對岸來的通知	P.112
64	買了便宜的垃圾袋，要把垃圾拿出去丟時，垃圾袋薄得幾乎快破了，只能再套一個	套兩層垃圾袋	P.162
65	把垃圾袋綁死之後又有垃圾要丟，邊後悔幹嘛綁死邊想辦法打開垃圾袋	開闔地獄	P.164

「洗衣」的無名家事

08	判斷用手洗還是用洗衣機洗	洗衣的選擇	P.44	
12	明明踩在應該是乾的浴室地板上，踩下瞬間襪子卻溼了，待洗衣物又增加一件	突如其來的水窪	P.52	
19	晾衣服時，依據剩下的衣物量隨時調整吊掛間距	間隔感覺	P.68	
20	晒棉被時得用手指摸摸晒衣杆，判斷是否需要擦拭	婆婆的指尖	P.70	

「替換」的無名家事

05	家人毫不猶豫地大量使用高級面紙，只好若無其事地換成便宜面紙	面紙等級	P.38	
11	加溼器的加水燈亮了，明知道要加水卻視而不見，變成得不斷提醒自己	家庭沙漠	P.50	
31	補充清潔劑時因為倒太猛而灑了滿地，無奈地清理黏答答的液體	裝填爆發	P.92	

「替換」的無名家事

62	丟棄裝廚餘的濾網時，為了不讓水滴落而快速丟入垃圾桶，卻因用力過猛反倒讓水滴到地上，只好擦地板	廚餘的執著	P.158
68	鋪床單時，邊跪坐在床墊上邊拉起床墊包好最後一角	跪坐跳躍	P.170

「溝通」的無名家事

28	在穿著打扮不適合見人時，電鈴突然響起，似乎是宅配人員，猶豫著是否該假裝不在家，最後急急忙忙換衣服	光速換裝	P.86
57	回訊息時只回「我知道了」，略微不滿地覺得「為什麼語尾不能加個『哦』」	語尾不足	P.148
66	家人幫忙做家事時，總是覺得他做得不夠仔細，雖然一直猶豫是否該說出口，終究怕說了會破壞他想幫忙的興致而作罷	無法感謝	P.166
67	吵架時躲到廚房裡，不知不覺開始擦起瓦斯爐	繭居廚房	P.168

●「尋找」的無名家事

15	出門前才發現鑰匙不見了，邊回想昨天穿的衣服和用的皮包邊狂掏口袋	鑰匙雷達	P.58
17	看窗外確認外頭沒下雨，出門瞬間卻開始下雨，只好回家拿雨傘	健康的早晨回家	P.62
21	洗衣籃裡只剩一隻襪子，四處去尋找另一隻	尋找伙伴	P.72
22	剪刀不在原本應該收放的位置，腦中浮現沒有物歸原位的家人面容	迷路的文具	P.74
36	突然覺得「想要那個東西」，卻連物品的名稱都想不起來，就算想上網搜尋也沒辦法	請問芳名？	P.104
42	找不到剩下的零食，正懷疑某位家人吃掉的瞬間順利找到了，為自己的懷疑稍作反省	損失懷疑	P.116
43	原本想悠悠哉哉地喝杯咖啡，跑了兩、三家咖啡店卻都客滿，跑累了買完晚餐食材後就回家了	咖啡難民	P.118
51	在收銀檯結帳時一直找不到的集點卡，結完帳就突然出現在皮夾裡了。覺得很遺憾	出其不意	P.134

●「重視小孩」的無名家事

13	小孩開始有自我意識，什麼事都想自己做，雖然很開心但小孩做得慢，只好出手幫忙，反倒浪費更多時間	性急一著	P.54
35	小孩在嬰兒車裡睡著了，在路上遇到高低差，小心地抬起前輪	小小翹孤輪	P.100
52	小孩無理取鬧時，丟下一句「我先走了」之後，在轉角處等待	等不到人	P.136
58	晚餐桌上只有超市買來的現成熟食，覺得很過意不去就做了一道菜，結果只有那一道剩下來，只好無奈地自己吃完	無視現做的菜餚	P.150
69	應該睡成「川」字的，小孩睡相太差，不知不覺間睡成了「工」，將其調整回「川」	轉直角	P.172

●「其他」的無名家事

06	發誓「今天絕對不要生氣」後，立刻因為微不足道的小事而生氣，陷入自我嫌惡之中	怒氣滿滿	P.40
10	時鐘不準了，嫌麻煩而不調整，自己在腦中變換正確時間	時間腦訓練	P.48

●「其他」的無名家事

32	原本想好了完美的做家事計畫，發生打亂節奏的事件後，瞬間幹勁全失	家事塞車	P.94	
53	自己指定的再次配送時間快到了，匆匆忙忙地趕回家	再配送門禁	P.140	
70	持續做家事，不知不覺間一天就結束了	家事無限迴圈	P.174	

LIFE 048

叫不出名字的家事為什麼怎麼做都做不完?!無名家事圖鑑

やってもやっても終わらない名もなき家事に名前をつけたらその多さに驚いた

作　　者＿梅田悟司
譯　　者＿謝晴
主　　編＿邱憶伶
責任編輯＿陳詠瑜
行銷企畫＿林欣梅
封面設計＿FE 設計
內頁設計＿李莉君

叫不出名字的家事為什麼怎麼做都做不完?! 無名家事圖鑑 / 梅田悟司著；謝晴譯. -- 初版. -- 臺北市：時報文化, 2020.09
208 面；14.8 x 21 公分. -- (Life；48)
譯自：やってもやっても終わらない名もなき家事に名前をつけたらその多さに驚いた
ISBN 978-957-13-8343-9 (平裝)
1. 家政
420　　109012268

編輯總監＿蘇清霖
董 事 長＿趙政岷
出 版 者＿時報文化出版企業股份有限公司
一〇八〇一九臺北市和平西路三段二四〇號三樓
發行專線＿（〇二）二三〇六－六八四二
讀者服務專線＿〇八〇〇－二三一－七〇五
（〇二）二三〇四－七一〇三
讀者服務傳真＿（〇二）二三〇四－六八五八
郵　　撥＿一九三四四七二四時報文化出版公司
信　　箱＿一〇八九九臺北華江橋郵局第九九號信箱
時報悅讀網＿http://www.readingtimes.com.tw
電子郵件信箱＿newstudy@readingtimes.com.tw
時報出版愛讀者粉絲團＿https://www.facebook.com/readingtimes.2
法律顧問＿理律法律事務所陳長文律師、李念祖律師
印　　刷＿紘億印刷有限公司
初版一刷＿二〇二〇年九月十一日
定　　價＿新臺幣三五〇元（缺頁或破損的書，請寄回更換）

時報文化出版公司成立於一九七五年，並於一九九九年股票上櫃公開發行，於二〇〇八年脫離中時集團非屬旺中，以「尊重智慧與創意的文化事業」為信念。